茶叶绿色生产技术百问百答

吴淑平　李　杰　蒋双丰　主编

河南科学技术出版社
· 郑州 ·

图书在版编目（CIP）数据

茶叶绿色生产技术百问百答 / 吴淑平, 李杰, 蒋双丰主编. -- 郑州：河南科学技术出版社，2025. 2.--ISBN 978-7-5725-1889-8

Ⅰ. S571.1-44

中国国家版本馆CIP数据核字第2025G5K070号

出版发行：河南科学技术出版社

地址：郑州市郑东新区祥盛街27号　　邮编：450016

电话：（0371）65737028　65788631

网址：www. hnstp. cn

出 版 人：乔　辉

策划编辑：陈淑芹

责任编辑：申卫娟

责任校对：臧明慧

封面设计：张德琛

责任印制：徐海东

印　　刷：河南省诚和印制有限公司

经　　销：全国新华书店

开　　本：787 mm × 1 092 mm　1/16　　印张：8.25　　字数：160千字

版　　次：2025年2月第1版　　2025年2月第1次印刷

定　　价：39.80 元

本书编委会

主　编　吴淑平　李　杰　蒋双丰

副主编　赵丰华　郑　杰　吕立哲　蔡一鸣　冯　雨
马汉云　龚凤萍　党永超　曹永润　杨　洋
方　玲　童俊丽　王欣珍　梁少茹　李俊玲

前　言

随着社会经济的发展和人们生活水平的提高，人们的安全健康意识、环保意识显著增强，对茶叶产品卫生质量的要求也更加严格，可持续发展和绿色消费已成为人们消费的发展方向。推行绿色生产方式、走绿色发展道路是农业供给侧结构性改革的核心内容和基本要求，是茶叶质量安全、茶产业持续健康发展的重要保障，是茶产业转变发展方式及进一步提质增效的重要措施，对加快实现茶产业高质量发展、生态协调、环境改善具有重要意义。

茶产业作为河南省优势产业，已成为我省农村经济发展的重要支柱及最有潜力的绿色行业，为实现精准脱贫发挥了重要作用。为统筹推进我省茶叶布局区域化、生产标准化、经营规模化、发展产业化、方式绿色化、产品品牌化、提质提档升级，2018年优质茶叶专项作为十大专项之一纳入了河南省“四优四化”科技支撑行动计划，专项实施过程中一直注重为我省茶产业结构调整和产业升级提供技术支撑，示范推广应用了一批先进的茶叶绿色生产新技术，打造优质茶叶绿色生产示范样板。为了更好地总结茶叶绿色生产的实践经验和茶叶绿色生产的最新成果，优质茶叶专项项目组专家编写了一系列茶叶绿色生产技术指导用书，《茶叶绿色生产技术百问百答》是其中的一本。

本书针对茶叶绿色生产核心技术和主要应用技术，以问答的形式简要介绍了茶叶绿色生产概述、茶树生长的环境条件、茶园建设与改造、茶树良种与繁育、茶园栽培管理、茶园绿色高效施肥、茶园病虫害绿色防控、茶叶采摘与绿色加工、茶叶质量管理体系等方面的知识，以期为茶叶生产、管理和茶叶科技工作者提供参考，促进和带动河南茶叶绿色生产。编写过程中引用了绿色食品生产、有机茶生产的有关农业行业标准，以及其他原作者的研究成果，在此谨致谢忱！

由于编者水平有限，书中若有不当之处，敬请广大读者批评指正。

目录

第一章　茶叶绿色生产概述

1.什么是绿色生产?

绿色生产是指运用现代可持续发展的原理，科学地规划和组织农业生产，由传统的单纯生产末端污染控制，转向生产全过程的污染控制，减少单位产品生产量的废弃物和污染物的排放量，达到保护生态环境、保障农产品质量安全、提高资源利用率和获得合理经济收益的目的，促进人类与自然和谐以及农业可持续发展的一种生产方式。

2.茶叶绿色生产的作用和意义是什么?

茶叶绿色生产是以减污、节能、降耗为目标，通过创新生产技术，改善管理手段，使茶叶生产全过程实现零污染的一种生产模式，具有产品安全、环境友好、节能高效等优点。茶叶绿色生产的作用和意义有以下几点：

（1）适应农业供给侧结构性改革对农业向绿色发展转型的要求。推行绿色生产方式是农业供给侧结构性改革的核心内容，关系到改革的成败和进度。在农业进入新阶段时，农业改革已不仅仅是对现有生产水平进行简单的、量的调整，而是重点促进农业发展方式的变革，促进农业由依赖化肥、农药等农用化学品的生产方式向绿色生产和可持续的方式转变，由注重数量增长向总量平衡、结构优化和质量效益并重转变等。这些转变需要通过农业供给侧结构性改革来实现，而推行绿色生产方式、走绿色发展的道路是农业供给侧结构性改革的核心内容和基本要求。2016 年中央一号文件提出“推进农业供给侧结构性改革，加快转变农业发展方式”“推动农业绿色发展”；2017 年中央一号文件再次提出“深入推进农业供给侧结构性改革”“促进农业农村发展由过度依赖资源消耗、主要满足量的需求，向追求绿色生态可持续、更加注重满足质的需求转变”。茶产业是我国传统的农业产业，覆盖范围广泛，影响农业人口众多，是推广绿色农业过程中不可忽视的一环。

（2）保护生态环境的必然选择。农业是与资源环境关系最密切的产业，它可以保护和改善生态环境，还可能对环境造成重大破坏。就茶叶生产而言，部分茶区过量使用化肥、农药等带来的面源污染，造成土壤酸化、板结，导致生态环境恶化及自然生态失衡。绿色生产方式重视环境保护，对外部物质的投入有明确的规定，能有效控制农业环境污染，增加天敌数量，生物多样性也能增加；生产环境得到有效恢复和改善，减轻土地、水资源、植被和动物所受到的破坏与损害。集成推广茶叶绿色生产模式，茶叶生产过程应用茶园病虫害绿色防控等友好技术，如使用病毒杀虫剂、植物源农药；茶园合理高效施肥，增施有机肥，减少了化肥的使用量，降低了化肥对茶园环境造成的污染，有效减少大气、土壤、水体污染源，优化了茶园生态环境；加工过程推广节能机械，全程清洁化生产加工，节能环保，保证了茶产业可持续发展。

（3）确保茶叶质量安全的迫切要求。民以食为天，农产品质量及其安全性关系到人类健康、经济发展和社会的稳定，直接影响人类福祉。茶叶是我国重要的经济作物，但现阶段在发展过程中面临瓶颈，尤其是生产端的操作不当导致了茶叶品质下滑、环境污染等问题，特别是农药残留问题。茶叶生产迫切需要转变发展方式，创新生产模式，扭转过量使用化肥、化学农药的现状。绿色生产以标准和技术规范的形式对化肥、农药、激素等生产资料的使用和农产品中的有毒有害物质含量进行了严格限制，实行“从土地到餐桌”的全程质量监控，保证了农产品的质量安全性。茶叶绿色生产是茶叶质量安全、茶产业持续健康发展的重要保障。

（4）满足人们生活水平提高的要求。随着人们收入和生活水平的提高，对茶叶质量安全的要求也越来越高，消费者对茶叶品质的追求不再局限于传统的色、味、香、形，更加关注茶叶质量安全及其代表的健康因素，当前茶产业也正面临从传统性的区域消费模式向多元化的消费趋势转变的过程，优质化、绿色化、多样化日益成为消费主流，安全、优质、品牌茶叶市场需求旺盛。茶叶生产必须顺应市场需求变化，大力发展无污染、生态型、环保型的茶叶产品，茶叶绿色生产是满足消费者对营养健康茶叶消费的重要实现方式。

（5）提高茶叶市场竞争力的有效途径。近年来，世界各国对茶叶卫生质量的要求越来越严，茶叶在国外市场的竞争力也从茶叶品类、感官品质、价格等要素更多地转移到茶叶质量安全、保健功能等要素上来，使我国茶叶的出口和生产面临挑战。大力推行茶叶绿色生产模式，生产出无可挑剔的绿色食品、有机食品，在突破绿色壁垒的同时，可以提高我国茶叶在国际市场上的竞争能力。

（6）促进茶业增效、茶农增收的重要途径。茶叶绿色生产对促进茶业增效、茶农增收作用突出。近年来，全国茶园面积快速增加，市场趋于饱和，加上茶叶生产成本不断上涨，存在茶叶优质不优价的现象，实现茶业增效、茶农增收的难度增加，因此，迫切需要开辟茶业增收的新途径。茶叶绿色生产倡导了绿色、健康的理念，扭转了茶叶生产滥用化肥、农药的不良局面，从而促进茶叶消费，提升品牌价值。茶叶生产者通过环保友好的生产技术确保了茶叶品质，树立独特的品牌特征，依靠自身茶叶产品的质量优势，获取较高的收益。茶叶绿色生产有利于保护和改善茶园生态环境，推动茶叶生产与旅游业融合发展，加快茶园资源的综合利用，有效地促进茶农增收。

3.茶叶绿色生产的主要技术内容有哪些？

（1）茶园环境优化技术。茶园环境的选择对绿色生产的应用效果有直接影响，选择茶园时，应综合考虑各种因素，比如选择土层深厚、排灌方便、有机质丰富的地块作为茶园；建园时，除了要有良好的自然环境，还应因地制宜地选择适应性强、适制性好、多样性丰富的茶树良种；推广茶林、茶果等间作套种技术及茶园地表覆盖技术，建立人工复合生态系统；茶园梯壁、茶树行间植草，提高茶园生物群落多样性；探索提升茶园土壤有机质及修复改良土壤等技术。茶园环境优化技术的应用，要严格遵守国家相关的规范标准，并以国家相关规范标准为基础，融入现代化的技术，科学合理地开发茶园。

（2）合理高效施肥技术。茶园肥料的合理高效利用，可以促进茶树的营养生长，提高茶叶的产量和品质。进行绿色生产的茶园在肥料使用上应坚持“因地制宜”原则，合理选择肥料类型和肥料使用量，加强测土配方施肥。施肥以有机肥为主，配合使用少量化肥，注意要减少化肥的使用量，降低化肥对茶园的污染；推广生物有机肥和生物型、复合型叶面肥；推广幼龄茶园间作绿肥（牧草）种植技术；探索茶园水肥一体化技术。

（3）病虫害绿色防控技术。绿色防控是茶叶质量安全的根本保障，加强茶园病虫害测报，结合茶园病虫害发生情况选择合适的绿色防控措施。推广使用杀虫灯、诱虫色板等物理防治技术，推广应用微生物农药、植物源农药、天敌昆虫等生物防治技术，对病虫害发生比较严重的茶园，可以交替轮换使用高效、低毒、低残留农药，严格按照规定使用剂量及安全间隔期标准使用农药。

（4）茶叶清洁化、低碳、高效加工技术。在进行茶叶加工时，应注重应用清洁化技术及低碳节能技术，要求采用无污染的清洁能源进行茶叶加工，改变以往使用木炭、煤等作为主要能源的加工模式；应用电能、液化气加工设备，实现茶叶加工的流水化和自动化，降低茶叶加工过程对能源的消耗和对环境的污染。要保证工作人员及加工车间的清洁化，合理布局茶叶加工点，完善建设设备及卫生设施，加强工作人员清洁化加工技能培训，提高清洁化加工意识。

4.茶叶绿色生产技术的特点是什么？

（1）先进性。我国对茶叶绿色生产技术有明确的要求和规范，茶园建设要符合农业部《标准茶园建设规范》（NY/T 2172—2012），茶叶生产全程基本不使用化学农药，要求茶叶绿色生产技术必须将有机肥作为主要肥源，并且在茶叶的加工过程中做到低碳环保、高效清洁，加工过程实现清洁化。

（2）开放性。在茶叶绿色生产过程中所应用到的技术应具有完全开放性，注重引进、吸收国内外先进的绿色生产技术，加强技术交流，在不断摸索和实践中完善技术体系，促进技术创新，推动茶叶绿色生产技术的发展。

（3）普适性。茶叶绿色生产技术的服务对象是广大茶农，茶农通过应用茶叶绿色生产技术来促进茶叶产量的提高和生产效率的提升。茶叶绿色生产技术只有具备普适性才能得到更加广泛的应用，才能得到更好的发展。茶叶绿色生产技术适用于所有茶园，无论是无公害茶园、绿色茶园还是有机茶园，都可以建立符合绿色生产标准的模式。

（4）差异性。茶叶绿色生产技术需要因地制宜，应用茶叶绿色生产技术应充分考虑当地的实际情况以及茶叶品种等因素，因茶园、茶叶加工种类的不同，要选择适合本茶园的绿色生产技术，才能确保茶叶的生产质量和生产效率。

（5）安全性。茶叶质量稳定，符合国家食品安全标准。不同等级的茶园产出的茶叶符合相应质量标准，出口茶叶符合出口目的国质量标准。

（6）高效性。通过“移动互联网+社会化服务”，促进农技推广信息化和商业化，实现农业科技及产品高效、快速、精准投放，为茶叶生产提供持续的技术支撑。

5.如何区别有机茶、绿色食品茶和无公害茶？

（1）有机茶是指在原料生产过程中遵循自然规律和生态学原理，采取有益于生态和环境的可持续发展的农业技术，不使用合成农药、肥料及生长调节剂等生产资料，在加工过程中不使用合成食品添加剂，经有机茶认证机构审查颁证的茶叶及相关产品。其中，有机茶的原料产地必须符合《有机茶产地环境条件》（NY 5199—2002），生产加工按照《有机茶生产技术规程》（NY/T 5197—2002）、《有机茶加工技术规程》（NY/T 5198—2002），生产产品达到《有机茶》（NY 5196—2002）的要求。中国有机产品标志如图1-1所示。

图1-1　中国有机产品标志

（2）绿色食品茶是按绿色食品的特定生产方式，符合绿色食品的有关标准、规定及生产操作规程，经申请检测获得批准绿色食品标志的茶叶产品，经专门机构认定许可使用绿色食品标志（图1–2），无污染、安全、优质的茶叶产品。

图1–2　绿色食品标志

1）A级绿色食品茶叶标准要求：主要包括产地必须符合《绿色食品 产地环境质量》（NY/T 391—2021），生产按照《绿色食品 农药使用准则》（NY/T 393—2020）、《绿色食品 肥料使用准则》（NY/T 394—2023），产品达到《绿色食品 茶叶》（NY/T 288—2018），产品包装与标签标准符合《食品安全国家标准 食品接触用纸和纸板材料及制品》（GB 4806.8—2022）、《绿色食品 包装通用准则》（NY/T 658—2015）的要求。

2）AA级绿色食品茶叶标准要求：产地的环境质量符合《绿色食品 产地环境质量》（NY/T 391—2021），生产过程中不使用化学合成的肥料、农药、食品添加剂及对环境和人体健康有害的生产资料，而是通过使用有机肥、种植绿肥、作物轮作、生物或物理方法等技术，培肥土壤、控制病虫草害、提高产品品质，从而保证产品质量符合绿色食品产品标准要求。

（3）无公害茶是指在无公害生产环境条件下，按特定的生产操作规程生产，成品茶的农药残留、重金属和有害微生物等污染物指标，卫生质量指标达到国家有关标准要求，对人体健康没有危害。内销茶叶符合国家规定允许的标准，外销茶叶符合进口国家、地区相关标准。无公害农产品标志如图1–3所示。

图1–3　无公害农产品标志

（4）有机茶、绿色食品茶、无公害茶的区别。

1）产品的安全等级不同：有机茶较绿色食品茶等级高，也是茶叶安全等级的最高级。有机茶在生产过程中要求不使用任何人工合成的化学物质，而绿色食品茶则允许限量、限品种、限时间使用安全的人工合成化学物质（图1–4）。

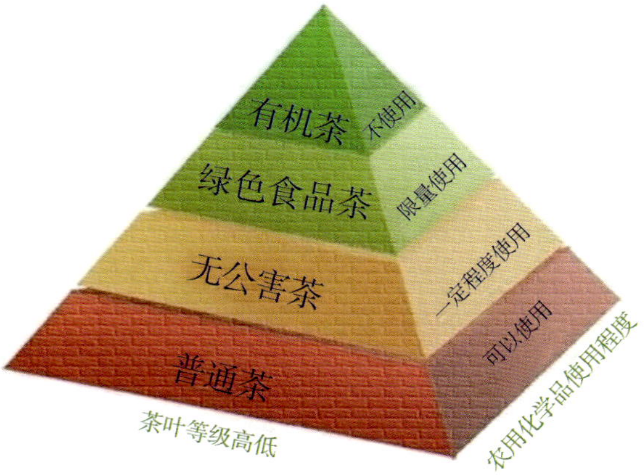

图1–4　茶叶等级

2）产品执行标准不同：①有机茶的标准主要是参考联合国食品法典委员会有机食品标准、国际有机农业运动联盟有机产品的基本原则以及欧盟有机食品标准、日本农业标准及美国有机食品标准制定的。有机茶必须符合产地环境、生产技术规程、加工技术规程和产品标准四个行业标准，生产过程禁止使用任何人工合成的农药、化肥、添加剂及转基因技术，只能使用有机肥料培肥土壤，采用农业、生物、物理方法控制病虫害。②绿色食品茶的标准由中国绿色食品发展中心制定，产品的卫生要求参照发达国家食品卫生标准制定，分为A级和AA级，其中A级绿色食品允许少量使用人工合成的化肥、农药产品，农药严禁使用基因工程（产品）及制剂，要求原产地生产基地环境好。③无公害茶的标准是由农业农村部制定的，主要参照国家食品的卫生标准制定，强调产品的安全性；无公害茶应同时符合产地环境、生产技术规程、加工技术规程和产品标准四个相关的标准。

3）认证机构和认证方式不同：①有机茶的认证由国家认证认可监督管理委员会统一监督管理，由国家认证认可监督管理委员会批准具备有机产品认证资格，并通过了中国合格评定国家认可委员会有机产品认证能力认可的合法认证机构进行有机茶认证。②绿色食品茶由中国绿色食品发展中心认证，各省绿色食品办公室受理申请、认证工作。③无公害茶基地由各省的县级以上农业农村部门认定，产品由农业农村部农产品质量安全中心认证，认证以基地环境、产品安全检测为主，注重产品的安全性。

第二章　茶树生长的环境条件

6.茶树生长对温度有哪些基本要求？

温度是茶树生命活动的必要因素，不仅影响着茶树的地理分布，而且制约着茶树的生长发育速度。茶树是一种温度敏感性较强的作物，尤其是对低温，茶树耐最低临界温度因品种、树龄、时间等不同，一般灌木型茶树品种较乔木型茶树品种耐临界低温的能力要强；中、小叶种茶树生长最低气温为-8~-10 ℃，大叶种为-2~-3 ℃；同一品种不同树龄耐低温能力不同，幼苗期、幼年期、衰老期耐低温能力比成年期要差；冬季茶树的耐寒性强于早春，主要是因为冬季茶树处于休眠状态，组织内细胞液高，耐低温能力强，有利于茶树安全度过严寒冬季，早春茶芽处于萌发状态，体内水分较多，酶活性增强，对低温胁迫产生很强的反应；茶树不同器官耐低温能力也不同，成叶和枝条较芽、嫩叶的耐低温能力强。

适宜的温度是茶树健康生长的基本条件。茶树新梢生长适宜温度为20~30 ℃，当日平均气温连续天数达到10 ℃以上时，茶芽开始萌动生长。一般而言茶树在短时间内能耐35~40 ℃的高温，在自然环境下，当日平均气温高于30 ℃时，茶树新梢生长就会缓慢或者停止，若气温连续几天超过35 ℃，新梢就会枯萎、落叶。茶树的最低生物学温度一般为10 ℃，为满足茶树生长发育，要求全年大于10 ℃的活动积温至少为3 000 ℃，对于活动积温低于3 000 ℃的茶区，要提前做好冬季防寒保暖。

7.茶树生长对光照有哪些基本要求？

茶树和其他作物一样，利用光能进行光合作用，合成茶树生长发育所需的糖类物质，其中90%~95%的光合产物是通过光合作用实现的，光照时间、光照强度及光照质量是衡量光照很重要的三个要素，光照不仅影响茶树的生长代谢，而且影响茶树其他生理过程和发育。

光对茶树生长发育影响最大，茶树叶绿素吸收最多的光为红、橙光和蓝、紫光；红外线是不可见光，虽不能被叶绿素吸收，但能使土壤、水分、空气及叶片吸热增温，为茶树生长提供热量条件，促进茶树生长。不同光谱成分的光对茶叶品种有影响，茶树在红、橙光照射下能迅速生长发育，且碳代谢、碳水化合物的形成更加旺盛；蓝、紫光不仅在生理上对茶树氮代谢、蛋白质形成有重大意义，而且与一些含氮的品质成分如氨基酸、维生素和很多香气成分的形成有直接的关系，蓝、紫、绿光下，氨基酸总量、水浸出物和叶绿素含量高但茶多酚含量低。俗话说“高山云雾出好茶”，原因在于在一定的高海拔地区，云雾缭绕，雨水充沛，漫射光丰富，蓝、紫光比重增加，使茶树中氨基酸、叶绿素、含氮芳香物质增多，茶多酚含量相对较低。

茶树原产于我国云贵高原一带低纬度亚热带区域，形成了喜光耐阴，忌强光直射的生物学特性。在夏季强光、高温季节，茶树的叶片光合作用受到抑制，影响茶树生长，在茶园中合理种植遮阴树适当遮阴，不仅可以调节茶园的光照强度，增加光散射辐射比例，而且改变了茶园单一种植的生态环境，有利于提高茶叶品质。

茶树是短日照植物，一般日照时间越长，茶树吸收的光能越多，茶树光合产物积累量越大，对茶树生长及提高茶叶产量越有利。日照时数较短的季节或地区，有利于茶树的生殖生长，茶树提早开花、提早休眠；相反，日照时数较长的季节或地区，茶树的营养生长加强，茶树开花延迟，甚至不开花，茶树新梢生长加快。因此，在冬季可以通过延长日照时间，打破茶树休眠，抑制开花，来达到促进茶树生长的目的。

8.茶树生长对水分有哪些基本要求？

茶树性喜湿怕涝，适合种植茶树的地区年降水量必须在1 000 mm以上，茶树生长发育要求的月降水量大于100 mm，如果连续几个月降水量低于50 mm，而又没有采取其他灌溉措施补水，茶叶单产必将大幅度下降。一般认为，年降水量在1 500 mm左右时最适宜茶树生长。空气湿度对茶树生长发育有一定的影响，茶树适宜的空气湿度是80%~90%，低于50%不利于茶树的生长发育，新梢生长受到抑制，茶叶品质下降。

茶园土壤中的水分状况会直接影响到茶树根系的呼吸生长，进而影响茶树的生长发育。一般来讲茶园土壤的相对含水量为70%~90%时能够为茶树根系提供充足的水分，植株光合速率高，适宜茶树生长，茶树的各项生理指标都会比较高，茶叶品质也较好。当茶园排水不良或地下水位过高时会使茶园水分过多而造成湿害，此时，应根据茶园湿害的原因采取相应措施降低地下水位或缩短径流在茶园低洼处的滞留时间。当茶园土壤水分过低，小于茶园地表蒸发和茶树活动蒸腾需要的水分时，就会导致茶园干旱缺水，茶树新梢会生长缓慢，发芽减少，茶树叶片变小，叶色无光泽；遭遇严重干旱时，茶树新梢就会停止生长，成熟叶片失水萎蔫下垂，甚至脱落，严重者会导致茶树枝叶枯焦，甚至植株死亡，此时要加强茶园水分管理，根据茶树不同生长发育阶段对水分的要求，结合茶园土壤湿度状况合理灌溉及时补充水分，以满足茶树生长发育。

9.茶树生长对土壤环境有哪些基本要求?

土壤是茶树赖以生存的场所，为茶树提供水、肥、气、热，是茶树生长的重要条件，因此，土壤环境条件直接影响茶树的生长发育。

（1）土壤酸碱度：茶树是喜酸嫌钙植物，土壤酸碱性（pH值）一般在4.0~6.5，其中以pH值4.5~5.5为最好，茶树对氮、磷、钾养分的吸收较强。

（2）土壤质地和结构：茶园要求土壤疏松，土层深厚（有效土层达到1 m以上），通气，蓄水和排水性能良好的砾质、砂质壤土。土壤结构以表土层为微团粒、团粒，心土层为块状结构较好。茶树根系发达，为多年生的深根性植物，侧根和根毛发达并在土壤表层辐射分布，因此，茶园土壤的地下水位要低于茶树根系的分布部位，地下水要在1 m以下。

（3）土壤有机质：茶园土壤有机质是影响茶树生长发育的一个重要因素，是土壤微生物和茶树营养元素的物质基础。我国根据土壤富含有机质的量将土壤分为三等：一等土壤富含有机质2.0%~3.5%，二等土壤含有机质1.5%~2.0%，三等土壤含有机质1.5%以下。高产茶园要求土壤有机质含量达2.0%以上。

10.茶树生长对地形条件有哪些基本要求?

茶园地形条件主要包括海拔高度、坡度、坡向和地形起伏。茶树适宜在丘陵和山地生长，应选择在海拔1 000 m以下的山地，茶园海拔在200~700 m内茶树生长发育好，茶叶产量和品质也较好。坡度在15°~25°的山坡，要求修筑梯级茶园；7°~14°的缓坡地，宜水平种植。山坡方向一般以南向或东南向为宜，低凹谷地处冷空气容易沉积，不适宜栽培茶树。

11.有机茶园、绿色食品茶园生产基地对环境质量有哪些要求?

农产品的质量安全与产地环境密切相关，茶叶作为一种饮品，其产地环境的好坏直接影响着茶叶的品质与卫生安全性。根据农业行业标准《有机茶产地环境条件》（NY 5199—2002）、《绿色食品 产地环境质量》（NY/ T 391—2021），对有机茶园、绿色食品茶园的土壤、空气、水质和周边环境质量有以下要求。

（1）空气质量的要求：有机茶园、绿色食品茶园空气质量应符合表2–1的要求。

表2-1　有机茶园、绿色食品茶园空气质量标准

项目	有机茶园		绿色食品茶园	
	日平均	1 h平均	日平均	1 h平均
总悬浮颗粒物（TSP）/（mg/m^3）（标准状态）	≤0.12	–	≤0.30	–
二氧化硫（SO_2）/（mg/m^3）（标准状态）	≤0.05	≤0.15	≤0.15	≤0.50
二氧化氮（NO_2）/（mg/m^3）（标准状态）	≤0.08	≤0.12	≤0.08	≤0.20
氟化物（F）/（$\mu g/m^3$）（标准状态）	≤7	≤20	≤7	≤20

注：日平均指任何1日的平均浓度；1 h平均指任何1 h的平均浓度。

（2）土壤质量的要求：有机茶园、绿色食品茶园土壤质量应符合表2-2 的要求。

表2-2　有机茶园、绿色食品茶园土壤质量标准

项目	有机茶园	绿色食品茶园
pH值	4.0~6.5	4.0~6.5
镉/（mg/kg）	≤0.20	≤0.30
汞/（mg/kg）	≤0.15	≤0.25
砷（mg/kg）	≤40	≤25
铅/（mg/kg）	≤50	≤50
铬/（mg/kg）	≤90	≤120
铜/（mg/kg）	≤50	≤50

（3）灌溉水质量的要求：有机茶园、绿色食品茶园灌溉水质量应符合表2-3的要求。

表2-3　有机茶园、绿色食品茶园灌溉水质量标准

项目	有机茶园	绿色食品茶园
pH值	5.5~7.5	5.5~8.5
总汞/（mg/L）	≤0.001	≤0.001
总镉/（mg/L）	≤0.005	≤0.005
总砷/（mg/L）	≤0.05	≤0.05
总铅/（mg/L）	≤0.1	≤0.1
铬/（mg/L）	≤0.1	≤0.1
氰化物/（mg/L）	≤0.5	
氯化物/（mg/L）	≤250	
氟化物/（mg/L）	≤2.0	≤2.0
石油类/（mg/L）	≤5	≤1.0

12.我国主要茶区气候条件有什么特征?

根据我国茶区的地域差异、产茶历史、品种分布、茶类结构和生产特点，我国茶树栽培区域大致分为华南茶区、西南茶区、江南茶区、江北茶区四大茶区，四大茶区气候条件各有不同。

（1）华南茶区：包括福建和广东东南部、广西、云南南部以及海南和台湾地区，属于热带季风气候和南亚热带季风气候，年平均气温为18~20 ℃，年极端最低气温高于–3 ℃，茶树冻害基本不会发生，全年无霜期为300~350 d，降水量非常丰富，年平均降水量在1 500 mm以上。华南茶区茶园土壤主要是以砖红壤和赤红壤为主，土层深厚，有机质含量和肥力高，是茶树最适宜的生长地区。该茶区茶树品种资源丰富，主要为乔木型大叶类品种，小乔木型和灌木型中、小叶类品种也有分布，生产茶类品种有工夫红茶、乌龙茶、红碎茶、普洱茶、绿茶、花茶及名优茶等。

（2）西南茶区：包括贵州、四川、重庆、云南中北部和西藏的东南部，属于亚热带季风气候，温暖湿润、水热资源充裕，年平均气温为14~18 ℃，全年大部分地区的无霜期在220 d以上，年平均降水量在1 000 mm以上。西南茶区地形比较复杂，地势高、起伏大，土壤黏性重、肥力状况一般，土壤以山地红壤、棕壤和黄壤为主。茶树资源较为丰富，品种以灌木型和小乔木型茶树为主，大乔木型为辅。生产的茶类有红茶、绿茶、普洱茶、边销茶及花茶等。

（3）江南茶区：包括广东和广西北部，福建中北部，安徽、江苏和湖北南部，以及湖南、江西和浙江等省，是我国茶叶的主产区，属于中亚热带季风气候，南部为南亚热带季风气候。温度适中，四季分明，全年平均气温为15.5~18 ℃，冬季极端最低气温多年平均值不低于–8 ℃，但个别地方冬季最低气温可降到–10 ℃以下，夏季最高气温可达40 ℃以上，全年无霜期为230 ~ 280 d，年降水量为1 000~1 400 mm，以春、夏季雨水最多。土壤以红壤、黄壤为主，部分地区有黄褐土、紫色土、山地棕壤和冲积土。土壤有机质含量较高，含石灰质较多的紫色土不宜种茶。茶树资源丰富，品种主要是灌木型中叶种和小叶种，小乔木型中叶种和大叶种也有分布。主要生产绿茶、红茶、乌龙茶、黑茶、白茶及各种特种名茶。

（4）江北茶区：包括甘肃、陕西、河南南部、湖北、安徽和江苏北部以及山东东南部等地，是我国最北的茶区，属于北亚热带和暖温带季风气候。大部分茶区年平均气温在15 ℃以下，极端最低气温在–10 ℃以下，个别年份的极端最低气温可降到–20 ℃，造成茶树严重冻害，全年无霜期为200~250 d，年降水量为700~1 000 mm。江北茶区地形复杂，土壤以黄棕壤为主，也有黄褐土和山地棕壤等，pH值略偏高，土质黏重，肥力不高。种植茶树品种主要是抗寒性较强的灌木型中、小叶种，生产的茶类为绿茶中的名优茶。

第三章　茶园建设与改造

13.如何合理选择茶园基地?

（1）植被丰富，远离污染源。茶园基地生态条件良好，周围林木繁茂，生物多样性指数高，具有较强的可持续生产能力。选择水、空气和土壤无污染，周边没有其他的直接或间接污染源，并且远离城市工业区、城镇、居民生活区、大型工矿企业及公路、车站等主要交通干线，一般远离公路干线200 m以上。

（2）具备茶树良好生长的气候条件。年平均温度在13 ℃以上，活动积温在3 500 ℃以上，极端低温在−7 ℃以下；土壤pH值4.5~6.5，土层有效深度1 m以上，土壤通透性好、疏松肥沃，排灌条件好；空气、土壤和灌溉水环境质量符合相应标准；茶园坡度应在25° 以下，坡度在15° ~25° 的陡坡地必须修筑梯级茶园。

14.茶园规划的基本原则是什么?

茶园建设应坚持高标准、高质量的理念，对茶园实行统一规划和布局。茶园规划的基本原则是“五化”，即茶区园林化、茶树良种化、茶园水利化、生产机械化、栽培科学化。

（1）茶区园林化：茶园规划与建设有利于保护和改善茶区生态环境、维护茶园的生态平衡和生物多样性，要充分利用其自然条件，建立现代化生态茶园。新建茶园要做好“园、林、水、路”的合理规划，营造防护林，间作果树或观赏树木。

（2）茶树良种化：结合当地环境条件及生产茶类，因地制宜地选择适合当地的主栽品种，充分发挥茶树良种的作用；在新建茶园及低产茶园改造时选用茶树良种，提高良种化率；合理搭配茶树品种，满足当地不同类型茶叶生产的需求。

（3）茶园水利化：建立完善的水利系统和节水灌溉系统，做到蓄水充足，能蓄能排，提高茶园控制水旱灾害的能力。新建茶园规划时不要过量破坏原有植被，以防止水土流失。

（4）生产机械化：建园时要充分考虑便于机械化操作需求，从茶园基地规划设计、茶园管理、茶叶加工和运输等各个环节都要适应机械化与逐步适应机械化的要求。

（5）栽培科学化：选择茶树良种，合理密植，利用改良土壤，精准施肥满足茶树对各种养分的需求，提高茶叶产量和品质；掌握茶树病虫害发生规律，采用综合防治措施有效控制茶园病虫草害；适时修剪茶树，培育丰产树冠，达到茶园高产、优质、高效的目标。

15.如何合理设置茶园道路网和排水蓄水系统？

（1）茶园道路网的设置：其作用主要是有利于运输茶园物资及茶园耕作，便于机械化作业。茶园的道路分为主干道、支道、步道和环园道。

1）主干道：是连接各生产区、制茶厂和场（园）外的公路。一般900亩以上的茶场应设主干道，通常路宽6～8 m，纵坡应小于6°，转弯处曲率半径应大于15 m，16°以上的坡地茶园，主干道、支道、步道应是“S”形。丘陵地区坡度小的茶园主干道、支道应设在山脊分水岭，坡度较大的应设在山坡坡脚，450亩以上的茶场一般只设支道和步道。

2）支道：是茶园划分区片的分界线，是茶园机具下地作业和园内小型机具行驶的主要道路。每隔300～400 m设置一条，路宽4～5 m，纵坡应小于8°，转弯处曲率半径应大于10 m。支道最好与主干道垂直相接，与茶行平行，便于小型机具下地作业。

3）步道：是茶园地块和梯层间的人行道，为了便于工作人员进行田间管理和采茶，一般与茶行垂直或成一定角度相接。通常每隔50～80 m设置一条，路宽1.5～2.0 m，纵坡应小于15°。

4）环园道：多设在茶园的边缘，为茶园与林地及茶园外土地的分界。环园道可以与主干道、支道、步道结合，路宽不完全一致。

（2）茶园排水蓄水系统设置：因地制宜设置茶园排水蓄水系统，做到多雨能蓄，涝时能排，缺水时能灌，还能尽量减少和避免水土流失。平地茶园要以排水为主，排蓄结合；坡地茶园及梯级茶园以蓄水为主，蓄排结合。茶园排水蓄水系统一般由截洪沟、隔离沟、横水沟、纵水沟组成。

1）截洪沟：其作用主要是防止茶园上方积水面上的洪水流入茶园，如果茶园上方没有积水面，则截洪沟可不必设置。截洪沟应根据地形按等高线或缓坡设置，沟的一端或两端要和纵水沟或园外的自然沟相通。沟深50~80 cm，宽40~60 cm，沟内每隔5~8 m要留一道稍低于路面的土埂，以拦蓄雨水泥沙，雨水太多时，由埂面流出，以减缓径流。

2）隔离沟：其作用主要是防止树根、杂草等侵入茶园，隔离沟设于茶园环园道的内侧，沟深30～40 cm、宽50～60 cm，为减少泥沙冲出园外，应每隔一定距离挖积沙坑。山地茶园上方的截洪沟即为隔离沟。

3）横水沟：其作用主要是使茶园蓄水分布均匀，多设在梯形茶园每梯内侧或缓坡茶园水平带，一般根据梯面与坡地的集水量大小，确定茶园横水沟的深度与宽度。为排出蓄水后多余的水，避免积水，在水沟两头出口处和低洼处应做成浅沟。

4）纵水沟：其作用主要是为了排出茶园中多余的地面水或因地下水位高而产生的积水，与截洪沟、横水沟、隔离沟相连接，一般沟深20~30 cm，沟宽40~50 cm，纵水沟与横水沟连接的地方要设积沙坑。坡度较大的地方，可开成梯级纵沟以减缓水势，防止径流冲毁茶园梯坎和道路。为拦蓄雨水，减缓径流，山地茶园的纵水沟内还应设置小水坝。

地下水位高的茶园，为排出积水可修建明沟和暗沟。明沟沟深应超过1 m，暗沟则在1 m以下的土层中，按照茶园自然地形，用石块或砖块砌成。有的地方为隔离地下水，取得良好的排水效果，还在上述砌沟部位，铺上卵石或碎砖头。

茶园排水蓄水系统的设计，应充分考虑到茶园灌溉的安排。一般每20~30亩茶园要开挖一个蓄水池，并与排水沟相连接，可以供茶园施肥、喷药、灌溉之用。建立蓄水池有利于改善园区的生态环境。

16.如何开垦平地和缓坡地茶园?

（1）开垦前，首先应进行地面清理，对乱石、杂草、树木等进行适当处理，乱石可埋于地下1 m以下，杂草应割除移走，应尽量保留原有树木，做遮阴树或防护林用。平地、缓坡地若出现高墩或低坑，应进行改造，但不要移走高墩上的表土，采用打垄开垦的方式，不打乱土层。

（2）平地及坡度15° 以内的缓坡地茶园，应按道路和水沟分段进行，并沿等高线横向开垦，以使坡面相对一致。若遇到坡面不太规整的茶园，应按照“大弯随势，小弯取直”的原则开垦；若遇到局部因水土流失产生的坑洼处，应加客土，使表土层达到茶树种植要求。

（3）对生荒地茶园的开垦，要经过初垦和复垦两步，初垦一年四季均可，但在夏季和冬季最好，经历夏季暴晒和冬季冰冻，使土壤风化，易于开垦，且开垦深度在80 cm左右，土块不用打碎，有利于茶园蓄水。初垦时要将地里多年生的杂草彻底清除，防止杂草复活。复垦在茶树种植前进行，采用人工整地，深翻，再次清除杂草，以利于后面开沟种植。对熟地只需进行复垦。随着农业机械化的发展，为了节省劳动力，可用机械对新茶园进行土地开垦和平整。

17.梯级茶园建设遵循的原则是什么?

梯级茶园建设遵循的原则是：梯面宽度要适于机械化作业，长度为60~80 m，同梯等宽，大弯随势、小弯取直；梯田应该外高内低（倾斜度呈2°~3°），为了方便茶园自流灌溉，梯田两头可呈0.2~0.4 m的高度差，外埂内沟，梯梯接路，沟沟相通。施工开梯田时要尽量保存表土，回沟植茶，保持土壤肥力，建成的茶园要能最大限度控制水土流失，下雨能保水，需水能灌溉。

18.如何修筑梯级茶园?

坡度在15°~25°的陡坡地应修筑梯级茶园，梯级茶园修筑方法如下：

（1）按等高线由下而上逐层修筑，梯壁高不超过1 m，梯面宽度根据种植茶树行数不同而不同，种植2行茶树梯面宽3 m，注意梯面宽度在坡度最陡的地段不得小于1.5 m，要求梯面外高内低向内倾斜。

（2）修筑梯壁是保证梯级茶园质量的关键，修筑梯壁的材料有石头、草砖、泥土等，以石头为主，要因地制宜，就地取材。修建时，先从基脚旁挖坑取土，至梯壁筑到一定高度后从本梯内侧取土筑梯，边筑边踩边夯，筑成后，要在泥土湿润适度时及时夯实梯壁。

（3）梯壁修好后，要进行梯面平整，取高填低，挖松靠近内侧的底土，挖深60 cm以上，施有机肥，利于靠近内侧的茶树生长。在梯面内侧要开挖横水沟，有利于蓄水、保土。为了提高茶苗移栽成活率，修筑梯田时要保存熟土定植茶苗。

19.如何开挖新茶园种植沟和施底肥?

（1）开挖种植沟。新茶园初垦、复垦、平整后或筑好水平梯田后，根据茶树的种植规格，按行距要求开挖种植沟，沟深约50 cm，单行种植时沟宽30~35 cm；双行种植时沟宽50 cm以上。开挖种植沟时，先将茶园表层土壤翻出放在一边，接着将下面的心土挖至30~35 cm深，放在一边尽量打碎心土土块，将准备好的底肥施入沟中与心土混合后，然后回填表土，留下8~10 cm浅沟种植茶苗。

（2）施底肥：其主要作用是增加茶园土壤的有机质，促进茶园土壤熟化，提高土壤肥力，为后期茶树的生长发育、茶园优质高产创造良好的土壤条件。茶园底肥以有机肥为主，可以配施磷矿粉或钙镁磷肥，有机肥施入前要经过无害化处理。底肥每亩施入有机肥2 000 kg左右，若种植前施入底肥量少的话，以后逐年都需要加施，才能快速成园（图3-1）。

图3-1　开挖种植沟施基肥

20.如何确定茶苗移栽时间和种植规格?

茶苗移栽就是把苗圃茶苗移植到茶园中的栽培技术，也称茶苗移植或茶苗定植。

（1）移栽时间：移栽时间的确定要看茶树的生长动态和当地的气候条件，要在茶苗地上部停滞生长时进行，空气湿度大和土壤含水率高的时期移栽最为适合，长江流域一带的茶区，以早春（2月上中旬）或晚秋（10月底至11月初）为移栽茶苗的适期；云南省干湿季明显，芒种至小暑（6月初至7月中旬）已进入雨季，这段时间为移栽茶苗的适期；海南省一般在7~9月移栽为宜。

（2）种植规格：指在单位面积内合理地安排茶树的株数和种植方式。目前采用较多的种植方式是双行双株和单行双株，双行双株种植行距为1.5 m，小行距40 cm，丛距33 cm，每丛栽苗2~3株（图3-2）；单行双株种植行距1.5 m，丛距33 cm，每丛栽苗2~3株（图3-3）。合适的种植密度，对茶园优质高产有利。

图3-2 双行定植示意图

图3-3 单行定植示意图

21.茶苗移栽技术要点有哪些?

（1）移栽前，按照种植行开好种植沟，施入底肥，肥土拌匀后，再覆盖一层表土。在起苗前1～2 d要将苗圃灌1次水，使苗床湿润，这样可减少起苗时的根系损伤，也可多带土。近距离的茶苗要边起边栽，远距离的茶苗应即起即运，根部要浸过黄泥浆水，运输时堆压不要过高过实，注意通气散热，防止日晒雨淋和风吹，确保茶苗芽叶和根系的鲜活度。若未能及时运输或者运到后无法及时移栽，可浇水后将根部包扎，放于阴凉处，比如沟里，或者埋于泥里，防止茶苗失水死苗。

（2）一般当一丛移栽2株茶苗时要保证茶苗的质量和规格一致，不能将大小苗放同一丛里，茶苗与茶苗要保持一定距离。移栽时要一手扶直茶苗，一手将土填入沟中，将土覆盖至不露须根时，再将茶苗向上轻轻一提，使茶苗根系自然舒展，与土壤紧密接触，然后回土覆盖，边覆土边将土按紧实，待覆土至2/3~3/4沟深时浇足安蔸水，使根部完全湿润，待水下渗后继续覆土（图3–4）。移栽茶苗最好在雨后初晴或阴雨天进行，这样可以提高茶苗移栽成活率。

（3）移栽后，为了减少茶苗地上部分的蒸发，要在离地15~20 cm处及时进行第一次定型修剪，保留1～2个分枝（图3–5）。注意做好茶苗移栽后的抗旱、防冻和病虫草害防治等工作。

图3–4　移栽茶苗

图3-5 第一次定型修剪

22.怎样提高茶苗移栽成活率?

（1）选择适宜茶树生长的土壤。茶树是酸性植物，对土壤的酸碱度较敏感，只能在pH值4.0～6.5的土壤中生长，最适宜在pH值4.5～5.5的微酸性土壤中生长。因此，新建茶园选址很重要，要选择土壤pH值在4.5～5.5的微酸性土壤，有利于茶苗生长；茶园土层深厚、土壤肥沃、结构疏松，土壤的抗旱保水能力强，可以提高茶苗移栽成活率。

（2）选择茶树良种和标准茶苗。要选择适合当地环境生长并适合所制茶类的优良品种，对于一些高山高海拔茶园，要特别注意选用抗旱性强的茶树品种，尽量不选用发芽特早的茶树品种。选用1年生以上的扦插苗，要求达到国家茶树种苗质量标准Ⅱ级以上。

（3）选择最佳的移栽时期。移栽茶苗应选择在茶苗地上部分停滞生长时进行，此时茶苗的根系生长旺盛，有利于茶苗移栽后根系的生长和恢复。我国大部分茶区在早春（2月上中旬）或晚秋（10月底至11月初）为移栽茶苗的适期。在秋、冬季雨水条件正常的情况下，移栽时间可以稍早一些，以利于移栽茶苗根系的冬季修复生长，促进茶苗春季早发芽和健壮生长。但对于冬旱明显或霜雪严重的地方，则应选择在早春2~3月，气温回升、雨水增多的时节，移栽茶苗成活率高。

（4）把握移栽茶苗方法。做好移栽茶苗的起苗和保鲜工作，起苗时尽量多带土，不要损伤根系，要一边起苗一边栽植。移栽时使茶苗根系自然舒展，与土壤紧密接触，不能上紧下松。

（5）加强茶苗移栽后的管理。

1）及时补水。茶苗移栽后，根系损伤较大，移栽后要及时浇透水，正常情况下每隔1~2周浇一次水，如果遇到极端干旱的天气，要增加浇水次数，确保茶苗能够成活。

2）遮阴防晒。新建茶园的配套防护林设施可能并不是很完善，幼苗期由于行道树、防护林及遮阴树等都还没有长成，茶园生态条件差，相对湿度小，再加上幼苗期茶树的光合作用能力较差，遇到夏季阳光直晒或者高温干旱都能导致茶树叶子灼伤，严重时会使茶苗晒死，因此在茶苗移栽的前两年要做好季节性的遮阴防晒，有条件的地区可以搭建遮阳棚，还可以用树枝、稻草或者是麦秆扎成草树和草排，放在茶园行间向阳的位置来遮挡部分阳光，高温季节过后，拔除遮阴物或将其作为覆盖物铺于行间。

3）间作套种。茶苗移栽初期，可在距离茶苗20 cm以上的地方间种绿肥，不仅可以增加茶园土壤中的有机质含量，解决肥源不足和偏施氮肥问题，还可以增加土壤的覆盖率，防止水土流失，保持茶园的生态环境，增加茶园的生物多样性。套种豆科植物，能够固定和吸收空气中的氮素，从而转化成加速生长所需要的养分；也可套种玉米等经济作物，不但可养地保水，还能遮挡夏季强烈的光照，为新移栽的茶苗创造良好的小气候环境。

4）根际覆盖。在刚移栽的茶苗根系周围覆盖稻草、麦秆或者是杂草，可以使茶苗根部的土壤不会直接被强烈的阳光照射，保持土壤中的水分含量，减少水分蒸发。冬季在茶苗根部覆草还能够在一定程度上给地表保温，防止茶苗冻死、冻伤。具体的做法就是在茶苗的根系两边覆盖5 cm以上的稻草或者是杂草，并用土块压上，确保覆盖的稻草或杂草不会被风吹跑。

23.幼龄茶园管理技术要点有哪些?

为使新建茶园早成园、早见效，快速取得稳产、丰产、优质的效果，应切实加强幼龄茶园管理，管理技术要点如下。

（1）抗旱保苗：幼龄茶树苗期根系弱、分布浅，既怕干，又怕晒，抗旱能力差，应根据天气状况和土壤墒情进行灌溉，防止茶园干旱的发生。在旱情长期威胁的情况下，应采用喷灌和其他灌溉的办法来保全茶苗，灌溉要注意一次性浇透，如浇得太少不仅不能达到抗旱的目的，甚至可能加重旱害。

（2）勤除杂草：幼龄茶园由于茶树树冠尚未形成，茶园覆盖率低，极易滋生杂草，与茶苗争夺肥水，影响幼龄茶苗生长，应勤除杂草。在1～2年生期间，茶园杂草在苗际30 cm范围内用手拔除，以防止动土伤苗，影响生长。

（3）冬季防冻：幼龄茶树必须特别注意加强对寒害、冻害的防范管理，可以采用行间铺草、套种紫云英等秋、冬季绿肥扩大越冬前地面覆盖度，能有效防止冻害，有条件的可采取薄膜或遮阳网覆盖蓬面防止冻害。

（4）查苗间苗补苗：移栽茶园，应及时查苗补苗，如果存在缺丛、缺株，应该在1~2年内茶苗移栽季节及时补齐，以保证全苗壮苗，注意补缺用的茶苗必须是同年茶苗。直播茶园如果每穴播种量多，出苗好，为了避免个体与群体产生矛盾，影响茶苗骨干枝发展，在苗期要按“去弱留强、去劣留良”的原则进行间苗，使留下的茶苗能够充分发育成为壮苗。

（5）定型修剪：幼龄茶树定型修剪是为了抑制茶树顶端生长优势，促进侧枝生育和腋芽萌发；培养骨干枝，增加分枝层次，以达到培养茶树形成“壮、宽、密、茂”的树形结构，为高产、稳产打下良好的基础。幼龄茶树定型修剪一般分3次进行，以春茶前进行为宜。移栽茶苗第一次定型修剪在定植后立即进行，直播茶苗在1足龄时进行，冬播茶苗在10~12月上旬，离地面15 ~ 20 cm修剪；第一次定型修剪1年后正常生长的茶树在春茶前进行第二次定型修剪，高度为第一次剪口向上提高15 cm左右；第二次定型修剪1年后春茶前进行第三次定型修剪，修剪高度为第二次剪口向上提高10 cm左右。

（6）茶园施肥：幼龄茶园的施肥种类分基肥和追肥两种，基肥结合秋耕进行。追肥宜选择薄肥勤施，一般在2月下旬、5月上旬和7月中下旬分批分量施入，注意1、2龄茶树要适当少施，同时，要注意氮、磷、钾肥的平衡施用。

（7）病虫害防治：幼龄茶园由于苗木移栽前后生态环境改变，加上初期苗木长势较弱，对病虫害的抵抗力不强，因此要密切关注茶苗病虫为害情况，及时做好病虫害防治工作，确保茶苗长势良好。

24.什么是低产茶园?

低产茶园是指茶园单位面积的产量及产值均低于当地或本单位的平均水平。低产茶园由于成因不同，茶园面貌和类型各不相同，一般来说，可以分为两类，一类是自然衰老的茶园，另一类是未老先衰的茶园。自然衰老的茶园是指茶树从幼苗开始，经过青年和壮年，最后进入衰老期的茶园。未老先衰的茶园是指茶树树龄不大、树势衰弱的茶园，其特征为树冠参差不齐或较矮小，骨干枝细弱，“鸡爪枝”增多，芽叶稀疏。

25.低产茶园形成的原因是什么?

（1）树龄老、树势衰退。虽然茶树是多年生长寿植物，树龄较长，有的茶树树龄长达50年或者更久，但种植年久的老茶树生理机能衰退，代谢水平降低，树冠新梢因供给营养不良，导致茶树育芽能力减弱，分枝细小，正常芽叶减少，对夹叶增多，茶叶产量、品质大大降低。

（2）建园基础差。由于建园时选择环境不当，选址不合理，土壤基础条件差，茶园土层浅薄，易板结，通气和保水能力差，水、气、热得不到充分调节。茶园开垦翻土过浅，施用基肥不足，土壤营养不足，肥力水平低，茶树生长衰弱。有的茶园未经修筑水平梯层，茶园跑土、跑水、跑肥，茶树根系裸露，吸收根少，影响地上部分的正常生长，茶叶产量低。

（3）引种不适宜。茶树品种的选择是茶园高产的物质基础，在引种时，没有充分考虑茶树品种的生育特性和当地的自然条件，引进的茶树品种不适合当地的气候条件，种植成活率低，茶树生长势减弱，茶树生长发育不良，进而导致茶园产量降低。

（4）栽培管理粗放。管理不善也是茶园衰退的主要原因，有些茶园未按标准进行定型修剪，施肥量不足，且施肥时间和分配比例不当。茶园培肥管理跟不上，采摘粗放，实行强采不注意留养，造成枝稀芽少，导致茶树营养生长差、干物质积累少、单产低，引起早衰。中耕除草不及时，种植后很多年没有深翻改土，病虫害预测和防治跟不上，影响茶树正常生长发育，导致茶树未老先衰，形成低产。

26.低产茶园改造技术有哪些?

结合低产茶园的成因，本着因园、因地制宜原则，采用不同的措施进行低产茶园改造。低产茶园改造是以“四改”（树体改造、园相改造、园土改良、改造管理）为中心的茶园综合治理技术。

（1）树体改造：包括树冠改造和根系改造。

1）树冠改造。其目的是利用茶树再生特性，通过更新枝干复壮树势，恢复树体活力。具体措施为根据茶树的衰老程度，因树制宜地采用重修剪或台刈。对茶树“鸡爪枝”增多，萌芽能力减退，对夹叶增多，产量逐年下降未老先衰的茶树，可采用重修剪，其方法是：离地面30 cm左右剪去上部枝条，留下一、二级骨干枝，待长出新梢后，按定型修剪的要求进行修剪，培养茶树树冠面。对树势衰弱，树冠多枯枝、虫枝、细弱枝，披生地衣、苔藓，发芽无力，芽叶稀小、对夹叶多，单产极低的老茶树，可采用台刈方法更新茶树，其方法是：采完春茶后，离地面10 cm左右砍去上部，待夏、秋季长出新梢时，按茶树定型修剪的要求进行修剪，重新培养茶树树冠面。

2）根系改造。一般在树冠改造前进行，主要是通过深翻施基肥，对茶树的地下部分生长发育环境进行改良改造。

（2）园相改造：其目的在于改变茶树的立地条件和茶树的群体结构，为了更好地达到保水、保土、保肥和改善茶树根系生长发育的条件。针对坡地水土流失和茶园种植结构不合理造成的低产茶园，要修复等高水平梯园，搞好排蓄水系统、防护林等建设。对缺行、断行严重的茶园，要按合理密植规格补植，用2足龄苗或者同品种的同龄优良茶苗进行补种，增加单位面积内的种植株数，实现高产高效。对于生产年限较长，经过多次更新后树势难以恢复的茶园，采用新的栽培技术和优良品种进行换种改造。对坡度大（20° 以上）、水土冲刷严重、产量极低、改造效果不好的老茶园，可退茶还林。

（3）园土改良：其目的是为更新复壮茶树创造良好的条件。对开垦时深挖不够、土层浅薄、土质黏重、土壤结构差的茶园，具体措施为深翻改土、增施有机肥、茶园铺草覆盖等提高肥力，加厚耕作层。当茶园障碍层离地表近、表层土浅时，深耕改土不仅工作量大，而且难以改善土壤理化性质，此时应有针对性地进行客土培园，投放“山基土”，将茶园四周可以利用的余土等培入茶园，培厚土壤，可以获得理想的效果。

（4）改造管理：进行低产茶园的改造主要是为了提高水、肥、土的积蓄能力，改善茶树生长发育的环境条件，为高产稳产打下基础。但是，要实现茶园持续高产稳产，还要加强后期管理，加强水肥管理与合理采养等措施，增施有机肥，分批、多次增施速效性氮肥，以促进新梢快速生长与分枝；在茶树树体改造后的第一二年内应搞好树冠培养，增加覆盖面，前期应以留养为主，并配合轻剪整形、扩大树冠。注意要加强茶园病虫害防治。

27.低产茶园的换种改造有几种方法？各有什么优缺点？

低产茶园的换种改造包括改植换种和嫁接换种两种途径。

（1）改植换种：可以通过一次性改植换种和新老套种进行。

1）一次性改植换种：针对茶园品种性差、园地规划不合理、树龄老、缺株严重的可以采用一次性改植换种方法，将茶园中的老茶树全部挖出，重新对茶园的沟渠道路等进行合理规划，选育优良的茶树品种种植。其优缺点为一次性改植换种方法虽然可以改造彻底，但重新成园周期长，时间成本高，投资较大。

2）新老套种：在老茶树行间套种新茶树，待新茶树成园后再挖出老茶树。其优点是新老套种的方法可以控制茶园的水土流失，对茶园生态环境破坏小；缺点是老茶树与新茶树存在竞争水肥和空间问题。解决措施如下：可以通过强采和修剪控制老茶树树冠的生长，保证新茶树有广阔的生长空间；当遇干旱严重的时节，应浇水保新茶树；可以增施肥料，保证新茶树的生长，提高茶树的产量，充分发挥新老套种的优势；当新茶树长到2~3年时，可一次或分批挖去老茶树。如果之前茶园建园不合理，必须重新规划设计和建设低产茶园，不建议采用这种新老套种的方法。

（2）嫁接换种：嫁接也是茶树无性繁殖的一种方法，是利用老茶树为砧木，借助原有的强大根系吸收营养，帮助新穗成长。优点是嫁接换种投入少、可保持母本优良性状，可以缩短成园时间，具有成园早、见效快的特点；缺点是嫁接换种工作量大且管理要求水平高。因此，嫁接换种不适合大面积换种的老茶园使用。

28.茶树嫁接换种主要技术环节是什么?

（1）剪砧木：将需要嫁接改良的茶树距地面10 ~ 15 cm处剪去上部枝条，从中选取符合要求的生长健壮的茎干作为砧木，砧木直径为0.6~2.5 cm，每丛可选1~4个进行嫁接。

（2）劈切砧木：将砧木切口处削平，用劈接刀在砧木中心处或者1/3处劈开一刀，注意用力不要过猛，防止切面撕裂，劈口深度达2 cm左右，不要让泥土污染切口。

（3）切削接穗：选择无病虫、粗壮、半木质化的短穗作接穗，接穗要削成两侧对称的斜楔形，保证穗长2~3 cm，削面长1.5 cm，每个接穗要有1个饱满的腋芽和1片健壮的叶片。在进行削面时一定要保持推刀方向与下刀方向一致，使削面平滑。

（4）插接穗：用劈接刀撬开砧木切口，将削好的接穗对齐插入砧木切口，使插穗的形成层与砧木的形成层高度吻合，然后轻轻撤去劈刀，使接穗被砧木紧紧夹住（图3–6）。

（5）包裹塑料薄膜：用塑料薄膜将嫁接部位包裹起来，以防止水分蒸发和病虫害的侵入。包裹时要确保薄膜紧密贴合，不留空隙。

图3–6　嫁接

29.影响茶树嫁接成活率的主要因素有哪些?

影响茶树嫁接成活率的主要因素有：嫁接亲和力、嫁接时间、嫁接方式、嫁接前后管理等。

（1）嫁接亲和力：即接穗和砧木之间的亲和力，需要接穗和砧木的内部组织结构上、生理和遗传上彼此相同或相近，能互相亲和并结合在一起。研究表明，选择优质、生命力旺盛的接穗和砧木，嫁接后能获得品质优良的组合茶树。一般而言，在亲缘关系近的茶树间进行嫁接，嫁接亲和力较高，接穗较易成活。

（2）嫁接时间：茶树嫁接时间对嫁接成活率有一定的影响，其中季节因素对茶树嫁接成活率影响最明显，要根据各地气候条件选择茶树嫁接的适宜时间。在长江中下游茶区5月下旬嫁接较好，此时节雨量充沛、气温和地温较高，接穗枝条基本成熟、质量好、成活率高。

（3）嫁接方式：不同嫁接方式对茶树嫁接成活率有较大影响。研究表明，采用劈接的嫁接成活率较切接、插皮接成活率高，劈接接缝紧密、接穗稳固、不易松动，接穗成活率高。

（4）嫁接前的管理：接穗、砧木发育品质的好坏与嫁接成活及嫁接后生长密切相关。

1）选择优良品种加强培育，在采穗前3个月对采穗母本园进行重修剪，施足有机肥，加强肥水管理和病虫害防治，使母树上部枝条的粗度在 0.5 cm以上最好，这样的枝条切削接穗质量好。

2）选择合适的砧木高度，砧木高度以10~15 cm为宜，砧木过高，水分和养分供应距离远、消耗大，不利于嫁接后苗成活；砧木过低时，组织老化，水分较少，成活率低，且不易操作，费时费力。

（5）嫁接后的管理。

1）夏季做好浇水遮阴，冬季做好保温。夏季嫁接后要立即浇水保湿，并用遮阳网遮阴，避免强光直射，视天气情况及土壤墒情浇水。冬季嫁接主要是保温，嫁接完成浇水后可以用薄膜覆盖，翌年2~3月气温升高时揭掉薄膜。

2）抹去不定芽。随着气温的回升，茶树芽逐步萌发，从砧木基部或接口以下会抽生出一些不定芽，必须及时反复多次进行抹除，减少与接穗芽梢争夺养分，促进接穗芽梢萌发，对后期再发生的砧木不定芽梢也有一定的抑制作用。

3）打顶修剪养蓬。茶树嫁接成活后，根系庞大旺盛，新梢生长也很快，当新梢生长超过40 cm时，可进行打顶，采去顶部1芽1叶或2芽，当新梢生长超过50 cm时，可在25 cm高度进行第一次定型修剪。嫁接后第2年，可在每茶季末期进行打顶采，在当年生长结束时，可在第一次剪口往上提高20~25 cm再修剪，经过2次修剪后，当茶树高度达50 cm左右时可视茶树生长情况进行留养采摘。嫁接成活的茶园如图3–7所示。

图3-7　嫁接茶园

30.什么是生态茶园?

生态茶园是指以茶树为主要物种，以生态学和经济学的原理为指导建立起来的一种高效益的人工农业生态系统，是利用光、热、水、气、土等生态条件合理配置的茶园生态系统，能促使茶树生长与茶园生态系统和谐统一，实现茶叶生产可持续发展（图3-8）。

图3-8　生态茶园

31.生态茶园建设的作用是什么?

茶叶绿色生产是茶产业发展的未来，生态茶园建设是推动茶叶绿色发展的重要内容。建设生态茶园的作用是多方面的：一是有利于恢复茶园周围的植被，改善和促进茶园的生态平衡；二是有利于改善茶园土壤物理性状，提高茶园水土保持和改善茶园土壤肥力；三是有利于丰富茶园生物多样性，增加害虫天敌和有益生物的栖身和繁衍机会，减少病虫害的发生和农药的使用，减少茶叶农药残留；四是有利于改善茶园小气候，增加生态茶园效益，提高茶叶质量，确保茶产业持续健康发展，实现绿水青山就是金山银山的双目标。

32.生态茶园具有哪些特点?

（1）产地环境良好，满足茶树生长发育需要。茶园基地远离污染源，茶园及周边土壤、空气和水清洁干净；茶园生态环境各种因子，包括光照、温度、水分、空气、土壤和肥力等能充分满足茶树生长发育的需要，且相互协调被茶树高效利用，即茶园产地的土壤和气候等自然条件为茶叶生产优质高效创造了良好的条件。

（2）茶园规划科学，基础设施完善。根据基地规模和地形地貌，茶园干道、支道、步道和环园道设置合理，有利于运输和茶园机械作业，主要道路平整清洁。茶园建有完善的水利系统，蓄水池、排水沟等配套良好，最好建有节水灌溉设施。

（3）茶园园相优美，景色迷人。茶树种植规范，缓坡地茶园等高条植，坡度15°~25°的茶园建有等高梯级园地，25°以上的陡坡地保持原有植被，茶园水土保持良好，茶园周围、主干道两侧建有生态防护林或遮阴树，周边植被覆盖度高。茶树生长健壮，园相整齐漂亮，茶园与周围环境相互映衬，景色迷人。

（4）茶园管理科学，绿色高效。茶园平衡施肥，养分利用率高，不污染环境，土壤质量不断提高。不用或少用化学农药，采取病虫害绿色防控，茶园生态平衡持续改善。积极实施机械化作业，茶叶生产成本较低，茶园经济效益不断提高。茶叶品质优质安全，符合相关标准。建有生产技术规程、生产和加工记录档案及产品质量可追溯体系。

33.生态茶园的种植模式有哪几种类型?

（1）立体结构型。

1）茶-林种植模式。茶-林种植模式适合于生态环境良好、茶园地块相对连片、面积较大、物种较单一、园内无或极少有遮阴树木、地表裸露面积较大的纯茶种植茶园。其配置形式是在茶园行间或茶园外侧适当套种高层乔木树种，形成多物种、多层次的复合立体结构。这种模式有利于水土保持、水源涵养及土壤改良，适应性广。

2）茶–果种植模式。茶–果种植模式通过茶树和果树的有机结合，不但能提高茶叶的产量和品质，还可获取茶、果的双丰收。茶–果种植模式在果树成熟季节，可与休闲采摘相结合，发展生态旅游。

3）茶–花种植模式。本模式是在茶园空隙适当栽植一些茉莉花、玉兰、桂花、含笑、月季、茶花等，形成茶与花的生态群落，间作的花木在花季开放时可使茶的叶片略带花香，而且也可以为花茶加工提供原料，提高茶园经济效益。

4）茶–菌种植模式。是充分利用茶园环境资源，在茶树行间套种食用菌的栽培模式，不仅可收获茶叶，而且食用菌经采收后可获得可观的收益。该种植模式具有生产周期短、容易形成规模效应、附加值高的特点，可满足在茶园内周年套种生产。同时，菌渣废弃物可作为有机肥施用于茶园，起到茶园土壤改良的作用。

5）茶–药种植模式。是利用茶林资源，套种耐阴性的药材，提高土地利用率，实现产量与产值双丰收。

6）茶–绿肥种植模式。这种模式较适合于新开垦的茶园，主要培育目标是茶树，间作其他作物的目的是提高土地利用率，改善土壤肥力，调节土壤酸度，减少水土流失。选用的绿肥多为豆科植物。

7）茶–桑种植模式。这种模式适合在茶区和桑区推广应用。在条栽茶行空隙，每隔3~4 m栽种1株桑树，可以利用桑树和茶树对光、水、土、肥的不同需求形成一个良好的生态群落。

8）茶–胶种植模式。茶胶群落是目前为止其他树种与云南大叶种茶树间作协调性最好的一个人工群落。从低海拔、低纬度以橡胶树为主的胶茶结构，逐渐转变到高海拔、高纬度以茶为主的茶胶结构，在600 m海拔地区每亩种植橡胶树26株、茶树500株；而在1 000 m海拔地区则以每亩种植橡胶树13株、茶树900株为宜；随着海拔继续升高，橡胶树将逐步退出。茶胶间作在云南、海南研究很多，推广面积也很大。

9）多物种种植模式。本模式是指由林、茶和草本植物构成的3层或4层的乔、灌、草多物种立体空间类型，它模拟了天然森林群落的高低生态位错落，更加充分地利用了环境资源，维持长期较高的生产力，大大提高了经济效益和生态效益。

（2）食物链型。主要是茶–禽（牧）模式，是在茶园中放养家禽的生态茶园建设模式。放养禽类可在一定程度上消除与抑制园内的杂草与昆虫，减轻或免除繁重的人工除草作业，禽类的粪便可提高土壤肥力。采用这种模式经营的茶园，可不用或少用化学农药，有效改善茶园生态环境，提高茶叶品质，当然放养的禽类不能超过茶园可承载的数量。研究表明，本模式适宜的放养数量为每亩鹅类20只或鸡 30只。

（3）立体食物链综合型。这是立体结构型和食物链型的有机结合，是一种适度投入、高产出、少废物、无污染、高效益的生态茶园模式。

1）茶、畜、草型。山区茶农养羊积肥，可以解决茶园有机肥源不足的问题；种植皇竹草、黑麦草等可解决养畜饲料短缺的矛盾。这种生态模式既改善了茶园土壤的理化性状，又可提供优质的茶、畜、禽等产品。

2）林、茶、畜（禽）、沼型。在茶园外造林，路旁种植果树，茶园内圈养鸡、猪、牛、羊等，用粪便生产沼气，沼气不仅可以用作照明和燃料，还能集中杀灭蚊虫，避免夜间加工茶叶过程中蚊虫落入而污染茶叶。沼气液、渣还是优质的有机肥。茶末、茶梗等下脚料又是理想的饲料添加剂，既能增强禽畜的体质，又提高了肉质。

（4）茶–旅游/休闲模式。茶–旅游/休闲模式是一种复合型模式，是较适合在旅游区开展的以茶为主题的旅游观光项目。这种模式有较强的生命力，通常以“茶–旅游/休闲–X模式……”多元混合，实现了第一、第二、第三产业的有机结合。

34.复合生态茶园配置乔木时如何选用树种？

种植在茶园中的乔木树种适生条件应与茶树基本一致，适应性强，能与茶树共生互惠，有利于提高茶园土壤肥力或不会过多掠夺土壤养分和水分。选择与茶树没有共同的病虫害，主干分枝部位较高，最好是冬季落叶、喜光、春季发芽迟的中小乔木。另外，还要求所选林（果）木根系应分布于50 cm以下的土层，根系分泌物为酸性。

营造防护林、隔离带选择以常绿树种为主，病虫害较少、树型漂亮的乔木，具有较高的经济或观赏价值，如桂花、香樟、无患子、樱花、大叶冬青和海棠等。总之，只要有利于茶树生存与发展的植物，都可以与茶树进行复合栽培。

35.茶–林种植模式的构建技术是什么？

（1）根据绿化树种特性、茶树种植品种、茶园地理位置及耕作习惯等，在茶园四周、道路与沟渠的两边和茶园内空闲地上营造防护林、隔离带，以常绿树种为主，一般3～5 m种植1株。在茶园四周种植时还应考虑不能妨碍机具行走和掉头（图3–9）。

（2）茶园中绿化遮阴树可选择一些高大落叶深根乔木，如银杏、杉树、松树等，每亩一般种植6～10株为宜，并根据茶树和遮阴树的树龄、生长势适时对遮阴树进行科学整枝修剪，控制茶园遮阴度为10%～30%，不能超过35%。

（3）栽培管理上不宜过分密植，否则不利于通风透气，不便采摘，不利于茶园田间操作，还易导致蚜虫、螨类等害虫的发生。应选择适应性强、与茶树无共同病虫害的树种，尽可能创造有利于茶树生长的自然环境。

图3–9　茶–林种植模式

36.茶–果种植模式的构建技术是什么？

在茶园中间作梨、板栗、枣、李、柿、枇杷、杨梅、核桃等果树，种植密度应根据树种的树冠而定，树冠大的种稀些，树冠小的种密些，间作的果树株、行距为5～9 m，一般果树覆盖度不要超过35%，过密则影响茶树生长。种植时株与株交错种植，避免穿过枝叶的阳光不均匀，间作果树下应留出3～4 m^2的面积不栽茶树，以便管理者操作。在选择好间作树种和合理种植的基础上，整枝修剪是管理好间作园的重要一环，且必须补给充足的有机肥料，以免果、茶争夺养分。

37.复合生态茶园配置绿肥（牧草）时如何选择品种？

要因地制宜地套（间）种适应当地区域经济、栽培环境、气候因素，与茶树无共生病虫害的绿肥品种。套种应根据不同品种、不同茶园而定，1~2年生的幼龄茶园，宜选用矮生或匍匐型绿肥品种，如伏花生、绿豆等，既不会妨碍茶树生长，又有利于水土保持；3~4年生的茶园，宜选用早熟、矮生的绿肥，如乌豇豆、黑毛豆、小绿豆等。在华南茶区，选用秆高、叶疏、枝干呈伞状的山毛豆、木豆等，既可作肥料又能起到遮阴作用；在长江以北茶区，选用毛叶苕子等，既可作肥料又有利于土壤保温。梯壁（含梯埂）以选用多年生绿肥为主，长江以北茶区可种紫穗槐等；华南茶区可选用爬地木兰、无刺含羞草等；长江中下游广大茶区可选用紫穗槐、知风草、百喜草、大叶胡枝子、南非马唐等。注意，在小绿叶蝉发生严重的茶区，茶园不宜间作花生和豆科作物，斜纹夜蛾多发茶区则不宜间作甘薯。

38.茶–绿肥（牧草）种植模式的构建技术是什么？

（1）绿肥多在未封行幼龄茶园、台刈茶园、种植密度较低的茶园中种植，以大豆、花生、紫云英、三叶草等有固氮作用的豆科作物为主。条栽茶园，夏季绿肥一般采用1年生茶园间作3行绿肥，2年生茶园间作1~2行绿肥，3年生已封行成园的茶园不用种植绿肥。冬季绿肥可适当密植，如采用紫云英、油菜、肥田萝卜、苕子混播或豌豆、肥田萝卜、黄花苜蓿混播（图3–10）。

（2）茶园梯壁种草与留草。茶园护坡梯壁选择种植有驱避、利于天敌繁衍的植物，如爬地兰、白三叶草、百喜草等，投产茶园保留梯壁非恶性杂草，为茶园天敌提供繁衍和栖息场所。

图3–10　茶–绿肥种植模式

（3）茶园行间铺草。可选择无病虫害的茶树修剪下的枝叶、秸秆、稻草、刈割的青绿肥以及梯壁杂草等植物对茶园行间地面进行人工覆盖，以铺后不见土面为准，最好满园铺。

39.对现有茶园生态环境的改造和建设的原则是什么？

对现有茶园生态环境的改造和建设要兼顾生态效益和经济效益，要充分考虑地域特征和生态环境多样性，尽可能地发挥地方资源优势。目前人工栽培的茶树大多为灌木型，其生态环境远不及针、阔叶林，需要进行人工改造。进行茶园生态环境优化的原则有以下几点。

（1）植树造林实现茶园园林化。对于种植在山区和半山区的茶园，因其自身生态环境良好，植被丰富，气候适宜，对其进行环境优化时，要尽可能地维持和保护原有植被，禁止毁林植茶。对于平地或者丘陵茶园环境优化，要保留成片林地，植树造林，种植遮阴树、防护林、行道树等，增加茶园周边植被。

（2）增加生物群落多样性。生态系统中，生物群落结构越复杂，各生物之间的依存度越高，生态系统稳定性越强，要充分了解茶园生态系统的生物群落结构，生物群落种类及它们之间的内在关联，掌握茶园病虫草害发生规律及消长规律，采取合理的农业措施增加生物群落种类和数量，顺应生态规律，不能盲目地进行灭虫、灭草处理。

（3）采用清洁的农业技术措施。同一茶园茶树应避免种植单一品种，应搭配早生、中生、晚生品种以及不同抗性的品种。在进行茶树病虫草害防治时，首选生物防治技术，尽量不使用农药。要加强茶园水肥管理，施肥以有机肥为主，施肥要适量，避免施入过量氮肥。要注重树冠培育，便于机械化作业需求。

40.茶园生态环境优化的措施有哪些？

茶园生态环境优化主要是通过植树造林、茶园维护、合理布局茶园水利道路设施、保证茶园生态安全等措施，实现茶园“头戴帽，腰系带，脚穿鞋”。

（1）植树造林。茶区植树造林形式多样，有行道树、遮阴树、防风林等。不同的生态区域，可以选择不同的植树方案，选择适宜当地种植的树木搭配种植，营造环境优美、生态适宜的茶园环境。乔木和灌木合理搭配、常绿树种和落叶树种合理搭配、观赏树木和其他树木合理搭配。

（2）茶园维护。对于梯形茶园，要注意梯壁养护种草，防止水土流失，除拔除恶性杂草外，其他杂草可以适度保留；对于裸露的梯壁，可以种植绿肥等，达到梯壁维护的目的。

（3）合理布局茶园水利道路设施。茶园基础设施建设对茶园生态环境和茶树生长都有很好的影响。在进行茶园水利设施建设时，应充分考虑茶树浇水灌溉、排水方便，在茶园雨水集中的地方建立蓄水池，在茶园周围和中间挖排水沟，建立健全水利设施，保证茶园排灌自如。在进行茶园道路设施建设时，应进行道路合理规划布局，设置步行道、生产道，应考虑机械化操作要求留足宽度。

（4）保证茶园生态安全。茶园生态安全是茶园生态环境的基本保证，在茶园施肥时，应根据土壤养分状况，做到平衡施肥，合理施用氮肥、磷肥、钾肥，以有机肥为主。在进行病虫草害防治时，坚持绿色防控，禁止使用高毒农药等，保证茶叶食品安全。加强茶园管理，合理修剪，注重树冠培育，适时翻耕，防止土壤板结。

41.如何将低产茶园、常规茶园转换成生态茶园?

低产茶园、常规茶园转换成生态茶园时应参照《生态茶园建设规范》（GH/T 1245—2019）进行。茶园转换的目的是提高茶园的经济效益和生态效益，获得高产、优质的茶叶，促进茶园生态系统循环，丰富茶园生物物种。具体措施有四个方面。

（1）园地改造。为提高茶园保水、保肥、保土的能力，减少茶园水土流失，应对茶园水利设施进行改造，按照小雨不出园，大雨不毁园的原则进行改造。土壤肥力对茶树的生长至关重要，通过施基肥和追肥改良土壤，提高土壤肥力，肥料应以农家肥、饼肥、绿肥等有机肥为主。根据茶树喜湿耐阴的特点，选择在茶园周围以及茶行间种植合适的树种，改善茶园小气候，为茶树生长创造适宜的生态环境。

（2）树冠改造。树冠改造应根据茶园内茶树的整体长势进行判断，选择合适的修剪方式培壮树冠。对于产量逐渐下降的低产茶园应选择深修剪，在春茶后剪去顶部细弱的“鸡爪枝”，当年夏、秋茶多留少采，复壮树势。对于呈半衰老或者未老先衰的茶园，在春茶后选择重修剪，剪去树高的一半，合理打顶养蓬，复壮茶树。对于生产力明显衰退，十分衰老的茶园可选择台刈，春茶后在离地5~10 cm处剪去整个枝条，施足有机肥，复壮茶树。

（3）改植换种。主要适用于那些品种差、树龄较大且无更新复壮价值的茶园。挖除老年茶树，翻耕土壤，及时清理干净残根、树枝，按照生态茶园建设标准，重新规划园地，改善土壤、水利、道路等基础设施建设。选择适宜当地且品质好的茶树品种种植。

（4）植树造林。按照生态茶园建设标准，做好茶园周边和内部环境的美化工作，搭配种植落叶树和常绿树、果树和观赏性树种等，行间种植绿植、铺草等，改善茶园生态环境。

42.什么是有机茶园?

有机茶园是指符合有机农业要求，按有机方式种植，与自然和生态法则相协调，强调应用使生态系统保持稳定性和可持续性的生产技术，不使用合成的肥料、农药及生长调节剂等生产资料，不使用基因改造的茶树品种，经过有机认证机构颁证的茶园。

43.如何将常规茶园转换成有机茶园?

常规茶园转换成有机茶园需要进行一系列的生态环境改造和按照有机茶标准进行建设，使原有的常规茶园各项质量技术指标达到有机茶指标后，再通过有机茶认证，才能正式转换成有机茶园。

（1）检测认定：常规茶园改造成有机茶园前，要对常规茶园的大气、土壤、水源、周边环境质量和生产的茶叶质量进行检测，然后将检测结果和有机茶园质量标准进行一一对照，缺什么补什么，循序渐进，分批转换，对于指标差距比较大的，较难转换成有机茶园，就不必强行改造。

（2）茶园改造：主要包括对幼龄茶园、生产茶园及荒芜茶园的改造。

1）幼龄茶园改造：实行补苗措施，选择同品种同龄茶树进行补种，保证茶树长势统一，园相较好，并按照有机茶园管理措施进行严格管理。

2）生产茶园改造：根据生产茶园的树型状况采用轻修剪、深修剪、重修剪、台刈等修剪方法进行树冠面和树体改造，培育树冠。

3）荒芜茶园改造：通过树冠与树体改造、缺株补植、浅耕除草、深翻改土、重施基肥和科学追肥等各种栽培技术措施，将荒芜茶园恢复为正常生产茶园，然后按有机茶质量技术管理措施进行精细管理。

（3）土壤管理：主要包括施肥管理、翻耕、浅耕除草、种植绿肥等方面。茶园土壤的施肥原则应符合有机茶园施肥准则，经无害化处理后的肥料，以有机肥为主，注意磷肥、钾肥、氮肥用量，尽量选用饼肥、家畜粪便、绿肥、有机茶专用肥等。采用合适的耕作方式结合施肥技术，使茶园土壤变得肥沃松软，对无害的杂草可适当保留，以利于水土保持。茶树树冠覆盖率达90%以上时，可采用减耕或者免耕措施。

（4）病虫草害防治：宜采用保护茶园群落结构来维持生态平衡，保护和利用天敌资源，提高自然生物防治能力的各项技术措施来实现；采用农业技术措施，加强茶园的栽培管理；采用灯光诱杀、色板诱杀等物理防治技术，有条件地使用植物源和矿物源农药等生物防治技术；严禁使用化学农药，确保茶园不受化学农药污染。茶园除严禁使用化学农药外，也严禁使用化学除草剂、化学增效剂、土壤改良剂，严禁使用被污染的水灌溉茶园等，确保茶园无公害。

（5）生态建设：丰富茶园生物群落种类和数量，优化茶园生态环境，完善遮阴树、防风林、路边树、绿植等的种植以及完善茶园水利系统、道路网等配套设施的建设。

（6）环境整治：常规茶园的环境整治应按照有机茶园基地建设质量标准要求，使茶园内部及周边环境质量符合有机茶园认证标准。

第四章　茶树良种与繁育

44.什么是茶树良种?

茶树良种是指应用科学的育种方法培育出在产量、品质和抗性等方面表现优异的新品种，在适宜地区，采用良好的栽培和加工技术，能够生产出优质、高产茶叶的茶树品种。

45.茶树良种在茶叶生产中的作用有哪些?

（1）提高茶叶产量。茶叶产量的高低是由单位面积内的芽数、芽重、年生长周期内的长芽速度和轮次及营养生长期的长短等因素决定的。茶树良种具有育芽能力强、发芽整齐且密度大、新梢萌发轮次多、生产周期长、茶芽大且多、持嫩性强、采摘轮次多的特点，百芽重大大超过群体种，因此茶树良种能提高茶叶产量。

（2）提高茶叶品质。茶树对茶叶品质的提高主要表现在外形和内质两个方面，从外形上讲，品种不同，鲜叶的形状、叶质软硬、叶片的厚薄及茸毛的多少有明显的差别；从内质上讲，不同的茶树品种其芽叶生化成分的含量明显不同。一般而言，用来制绿茶的品种要求氨基酸含量较高，茶多酚含量相对较低，酚/氨比值较小，茶树良种采制的茶不仅外形好，而且具有香气清高、滋味鲜爽的内质特点。

（3）增强抗性。茶树品种抗性的强弱与茶树品种本身的遗传特性相关。茶树良种具有多抗性，其抗寒、抗旱、抗病虫害能力强，可以减轻或避免各种不良环境对茶树的影响，发挥茶树良种作用。

（4）提高采摘工效，有利于实现茶叶机械化生产。茶树良种单位面积内同批可以采摘的新梢数量多，芽叶成熟度一致，因此采摘工效高，特别是无性系茶树良种发芽整齐、芽叶肥壮有利于机械化采摘。

46.茶园选用茶树良种应该遵循哪些原则?

（1）环境适应性原则。任何茶树良种都具有一定的生态区域适应性，由于其遗传特性不同，适应能力差异很大。在选用茶树品种之前，要根据茶树品种审定（认定、鉴定）结论了解引进茶树品种的环境适应性和对栽培条件的要求，保证引进的茶树品种对当地自然条件具有良好的适应性，无法确定环境适应性的茶树品种可以先少量试种，试种成功后再大量引种。

（2）多抗性原则。选用的茶树良种应该具有较强的抗病、抗虫、抗寒和抗旱能力。我国茶区纬度跨越幅度大，南北茶区气温差异较大，茶园引进茶树品种应该对寒、旱具有较强的抵抗能力。北部地区宜选用抗寒力强的品种；倒春寒出现频繁的茶区，不宜选择春茶萌发期过早而且抗寒力差的茶树品种。目前茶叶农药残留是茶叶生产中最大的质量问题之一，主要来源于茶园病虫害防治时农药使用不当。因此，绿色茶园基地应该选用对当地茶园主要病虫害和频发病虫害抗性强的优良茶树品种，尽可能减少生产过程中的农药使用量和用药频度，降低由于施药而引起农药残留的威胁。

（3）多样性原则。茶园基地选用要做到多种遗传特性茶树良种的合理搭配，不同茶类适制性的品种之间有合理的比例，以适制当地当时主要茶类的茶树品种为主，适当引进适制其他茶类的茶树品种；春茶萌发期早、中、晚品种的搭配要合理，避免春茶采摘高峰过于集中。引进茶树品种的抗逆性应具有多样性，避免品种的单一性造成的某些病虫害快速蔓延和其他自然灾害扩散，减少茶园病虫害和其他自然灾害造成的损失。

（4）良种良法原则。在选用茶树品种时，必须了解拟选用茶树品种的环境适应性、栽培条件、加工方面的要求，按照要求提供最佳的栽培和加工条件，实现良种良法，发挥茶树品种的优良性状。

（5）无性繁殖原则。无性繁殖的茶树良种生长整齐，萌发期与品质一致，便于机械化采摘和鲜叶原料贮运加工的机械化处理。茶园选用无性系茶树良种，为今后实现茶叶优质、高产奠定良好的基础。

（6）苗木质量检验和病虫害检疫原则。为保证引进茶树良种苗木的质量及防止病虫害的传播，从外地引进的茶树种苗运输之前，必须进行苗木质量检验和病虫害检疫。

47.我国审定（认定、鉴定）的国家级茶树品种有多少个？

中国是茶树的原产地，最早利用、栽培茶树，长期的自然选择和人工选择形成了丰富的茶树种质资源。1985年和1987年全国茶树良种审定委员会认定52个茶树品种；1994 年、1998 年和 2002年全国农作物品种审定委员会茶树专业委员会审定通过43个茶树品种；2004年、2006年、2010年、2011年和2014年全国茶树品种鉴定委员会鉴定通过39个茶树新品种。截至2017年，我国育成国家审定（认定、鉴定）茶树品种134 个，其中有性系品种 17个，无性系品种117个。在 117 个国家级无性系品种中，适制绿茶品种44个，适制红茶品种15个，红绿茶兼制型品种33个，适制乌龙茶品种25个。另外，还有省级审定（认定、鉴定）品种 200 余个。截至2018年底，40余个茶树新品种获得植物新品种权，这些茶树品种在推动我国茶产业发展、满足不同时期市场需求中发挥了重要的作用。

48.国家级有性系茶树品种及其特征特性是什么？

国家级主要有性系茶树品种简介如表4-1所示。

表4-1　国家级有性系茶树品种

序号	品种名称	主要特征特性	春茶萌发期	适制茶类	适宜推广茶区
1	勐库大叶种	乔木型，大叶类，树姿开张，芽叶黄绿色，茸毛特多，持嫩性强，产量较高，抗寒性弱	早生	红茶、绿茶、普洱茶	西南和华南茶区
2	勐海大叶种	乔木型，大叶类，树姿开张，芽叶黄绿色，茸毛特多，持嫩性强，产量较高，抗寒性较弱	早生	红茶、绿茶、普洱茶	西南和华南茶区
3	凤庆大叶种	乔木型，大叶类，树姿开张，芽叶绿色，茸毛特多，持嫩性强，产量较高，抗寒性较弱	早生	红茶、绿茶、普洱茶	西南和华南茶区
4	海南大叶种	乔木型，大叶类，芽叶黄绿色，茸毛少，持嫩性一般，产量高，抗旱性、抗寒性较弱	早生	红茶	海南省五指山区
5	乐昌白毛茶	乔木型，大叶类，树姿半开张，芽叶绿色或黄绿色，茸毛特多，产量较高，抗寒性较强	早生	红茶、绿茶	华南茶区
6	鸠坑种	灌木型，中叶类，树姿半开张，芽叶黄绿色，茸毛中等，持嫩性强，产量较高，抗旱性、抗寒性强	中生	绿茶	江南、江北茶区
7	早白尖	灌木型，中叶类，树姿开张，芽叶淡绿色，茸毛多，产量高，抗逆性强	早生	红茶、绿茶	长江流域茶区
8	紫阳种	灌木型，中叶类，树姿开张，芽叶绿色带微紫色，茸毛中等，产量中等，抗寒性较强	中生	绿茶	江北茶区
9	宁州种	灌木型，中叶类，树姿半开张，芽叶黄绿色，茸毛多，产量中等，抗旱性、抗寒性较强	中生	红茶、绿茶	江南茶区
10	宜兴种	灌木型，中叶类，树姿半开张，芽叶绿色或黄绿色，茸毛少，产量较高，抗寒性强	中生	绿茶	长江南北茶区

续表

序号	品种名称	主要特征特性	春茶萌发期	适制茶类	适宜推广茶区
11	云台山种	灌木型，中叶类，树姿半开张，芽叶绿色或黄绿色，茸毛中等，持嫩性强，产量较高，抗性较强	中生	红茶、绿茶	江南茶区
12	湄潭苔茶	灌木型，中叶类，树姿半开张，芽叶绿色带紫色，茸毛多，持嫩性较强，产量高	中生	绿茶	西南茶区
13	黄山种	灌木型，大叶类，树姿半开张，芽叶绿色，茸毛多，持嫩性强，产量高，抗寒性强，适应性强	中生	绿茶	长江南北和寒冷茶区
14	祁门红	灌木型，中叶类，树姿半开张，芽叶黄绿色，茸毛中等，持嫩性强，产量较高，抗寒性强	中生	红茶、绿茶	长江南北和寒冷茶区
15	宜昌大叶种	小乔木型，大叶类，树姿半开张，芽叶黄绿色，茸毛多，持嫩性强，产量较高，抗寒性强	早生	红茶、绿茶	长江南北茶区
16	凌云白毫茶	小乔木型，大叶类，树姿半开张，芽叶黄绿色，茸毛多，持嫩性强，产量中等，抗寒、抗旱性较弱	中生	红茶、绿茶	华南和西南茶区
17	凤凰水仙	小乔木型，大叶类，树姿直立，芽叶黄绿色，茸毛少，发芽能力较强，产量高，抗寒性强	早生	乌龙茶、红茶	华南茶区

49.国家级无性系茶树品种有哪些?

国家级无性系茶树品种如表4–2所示。

表4–2　无性系茶树品种

品种类型	茶树品种名称	适制茶类（个）
无性系茶树品种	舒茶早、安徽7号、石佛翠、皖茶91、安庆8902、山坡绿、南江1号、南江2号、巴渝特早、霞浦春波绿、桂绿1号、桂香18号、黔茶8号、尧山秀绿、信阳10号、鄂茶1号、鄂茶5号、白毫早、玉绿、湘妃翠、锡茶5号、苏茶120、大面白、上梅州、赣茶2号、名山白毫131、天府28号、特早213、花秋1号、龙井43、龙井长叶、翠峰、碧云、寒绿、浙农113、青峰、春雨1号、春雨2号、茂绿、浙农139、中茶102、中茶108、中茶302、中茶111	绿茶（44）
	蜀永1号、蜀永2号、蜀永3号、蜀永401、蜀永703、蜀永808、英红1号、五岭红、秀红、云大淡绿、黔湄419、黔湄502、黔湄701、云抗10号、云抗14号	红茶（15）

续表

品种类型	茶树品种名称	适制茶类（个）
无性系茶树品种	福鼎大白茶、福鼎大毫茶、福安大白茶、政和大白茶、福云6号、福云7号、福云10号、迎霜、劲峰、浙农12、菊花春、浙农21、浙农117、安徽1号、安徽3号、凫早2号、皖农95、皖农111、杨树林783、早白尖5号、蜀永307、蜀永906、桂红3号、桂红4号、黔湄601、黔湄809、鄂茶4号、槠叶齐、高芽齐、槠叶齐12号、尖波黄13号、锡茶11号、宁州2号	红绿茶兼制型（33）
	铁观音、梅占、毛蟹、黄棪、福建水仙、本山、大叶乌龙、八仙茶、黄观音、悦茗香、茗科1号、黄奇、黄玫瑰、紫牡丹、丹桂、春兰、瑞香、金牡丹、岭头单丛、鸿雁1号、白毛2号、鸿雁7号、鸿雁9号、鸿雁12号、鸿雁13号	乌龙茶（25）

50. 2010 年以来通过国家级鉴定的有代表性茶树品种有哪些?

随着消费结构的多元化和新的消费需求的出现，为适应新的消费需求，在今后的茶园建设中可以根据育种者提供的茶树品种特性等信息，有针对性地进行引种。2010年以来通过国家级鉴定的代表性茶树品种简介如表4–3所示。

表4–3 部分代表性茶树品种

序号	品种名称	主要特征特性	春茶萌发期	适制茶类	适宜推广茶区
1	中茶108	灌木型，中叶类，树姿半开张，芽叶黄绿色，茸毛较少，持嫩性强，产量高，抗寒性、抗旱性较强，较抗病虫，尤抗炭疽病	特早生	绿茶	江北、江南茶区
2	中茶111	灌木型，中叶类，树姿半开张，芽叶黄绿色，茸毛较少，产量高，耐寒性较强	中生	绿茶	长江南北绿茶主产区
3	中茶302	灌木型，中叶类，树姿半开张，芽叶黄绿色，茸毛中等，持嫩性强，产量高，抗寒性、抗旱性较强，较抗病虫	早生	绿茶	长江南北绿茶主产区
4	浙农139	小乔木型，中叶类，树姿半开张，芽叶绿色，茸毛较多，持嫩性强，产量高，抗寒性、抗旱性、抗虫性较强	早生	绿茶	浙江、四川、福建茶区
5	浙农117	小乔木型，中叶类，树姿半开张，芽叶绿色，茸毛中等偏少，产量高，抗寒性、抗旱性、抗虫性强	早生	红茶、绿茶	浙江、四川、湖北、福建茶区

续表

序号	品种名称	主要特征特性	春茶萌发期	适制茶类	适宜推广茶区
6	茂绿	灌木型，中叶类，树姿半开张，芽叶深绿色，茸毛多，持嫩性强，产量高，抗寒性强	早生	绿茶	全国绿茶区
7	春雨1号	灌木型，中叶类，树姿较直立，抗逆性较强，芽叶肥壮，茸毛较多，持嫩性好，产量高	特早生	绿茶	浙江、四川、湖北、福建茶区
8	春雨2号	灌木型，中叶类，树姿半开张，芽叶绿色，茸毛中等，持嫩性强，产量中等，抗逆性较强	中生（偏晚生）	绿茶	浙江、四川、湖北、福建茶区
9	鄂茶5号	灌木型，中叶类，树姿较直立，芽叶黄绿色，茸毛较多，持嫩性好，产量中等，抗性强	特早生	绿茶	全国绿茶区
10	玉绿	灌木型，中叶类，树姿半开张，芽叶绿色或黄绿色，茸毛特多，产量高，抗寒性、抗旱性、抗病性较强	早生	绿茶	四川、湖南、湖北茶区
11	湘妃翠	灌木型，中叶类，芽叶浅绿色，茸毛多，抗逆性中等	早生	绿茶	杭州及江南生态条件相似的茶区
12	苏茶120	小乔木型，中叶类，芽叶绿色，茸毛多，产量较高，抗寒性、抗旱性较强	早生	绿茶	杭州及江南生态条件相似的茶区
13	黔茶8号	小乔木型，中叶类，树姿半开张，芽叶肥壮，茸毛较多，持嫩性强，产量高，抗寒性、抗旱性强	早生	绿茶	贵州、湖北、广东、广西及生态条件相似的茶区
14	尧山秀绿	灌木型，中叶类，树姿开张，芽叶翠绿色，产量高，抗寒性、抗旱性、抗病性较强	特早生	绿茶	广西、四川、湖北及生态条件相似的茶区
15	桂香18	灌木型，中叶偏大叶类，树姿半开张，芽叶浅绿色，茸毛少，产量高，抗寒性、抗旱性、抗虫能力强	中生	绿茶	广西、湖北等生态条件相似的茶区
16	南江1号	灌木型，中叶类，树姿半开张，芽叶嫩绿色，产量高，抗寒性强	早生	绿茶	重庆、四川、湖北、浙江及生态条件相似的茶区

续表

序号	品种名称	主要特征特性	春茶萌发期	适制茶类	适宜推广茶区
17	特早213	灌木型，中叶类，树姿较直立，芽叶黄绿色，茸毛中等，持嫩性强，产量较高，抗寒性强	特早生	绿茶	四川及西南绿茶产区
18	巴渝特早	小乔木型，中叶类，树姿半开张，产量高，抗旱性、抗虫性较强	特早生	绿茶	西南、江南、华南茶区海拔1 000 m以下地区
19	霞浦春波绿	灌木型，中叶类，树姿半开张，芽叶淡绿色，茸毛较多，产量高，抗寒性和抗旱性强	特早生	绿茶	福建、浙江、四川及生态条件相似的区域
20	石佛翠	灌木型，中叶类，树姿半开张，芽叶绿色，茸毛较多，产量较高，抗寒能力强	中生	绿茶	浙江、安徽、河南、湖北等长江流域南北茶区
21	皖茶91	灌木型，中叶类，树姿半开张，芽叶淡绿色，粗壮，茸毛多，持嫩性好，产量较高，抗寒性强，抗旱性中等	早生	绿茶	浙江、安徽、贵州、山东、湖北和河南等茶区
22	安庆8902	高产、耐寒性强	中生	绿茶	湖北及生态条件相似的茶区
23	山坡绿	灌木型，中叶类，树姿半开张，芽叶淡绿色，茸毛少，持嫩性强，产量高，抗病虫性和抗逆性强	早生	绿茶	安徽、湖南、湖北、贵州茶区
24	花秋1号	小乔木型，中叶类，树姿半开张，芽叶绿色或黄绿色，茸毛多，持嫩性强，抗病虫能力强	早生	绿茶	四川、广西、湖北、贵州等茶区
25	天府28号	灌木型，中叶类，树姿直立或半开张，芽叶茸毛多，持嫩性好，产量高，抗逆性强	早生	绿茶	西南、华中绿茶区
26	金牡丹	灌木型，中叶类，树姿较直立，芽叶紫绿色，茸毛少，持嫩性强，产量高，抗寒性、抗旱性及适应性强	早生	乌龙茶	福建及生态条件相似的茶区
27	黄玫瑰	小乔木型，中叶类，树姿半开张，芽叶淡绿色或黄绿色，产量高，抗寒性、抗旱性及适应性强	早生	乌龙茶	福建及生态条件相似的茶区

续表

序号	品种名称	主要特征特性	春茶萌发期	适制茶类	适宜推广茶区
28	紫牡丹	灌木型，中叶类，树姿半开张，芽叶紫红色，茸毛少，持嫩性较强，产量高，抗寒性、抗性及适应能力强	中生	乌龙茶	福建、华南、西南及江南生态条件相似的茶区
29	丹桂	灌木型，中叶类，树姿半开张，芽叶黄绿色，茸毛少，持嫩性较强，产量高，抗寒性、抗旱性强	早生	乌龙茶	乌龙茶区和江南红茶、绿茶区
30	春兰	灌木型，中叶类，树姿半开张，芽叶黄绿色，茸毛少，持嫩性较强，产量较高，抗寒性、抗旱性强	早生	乌龙茶	福建、广东、广西、湖南及生态条件相似的茶区
31	瑞香	灌木型，中叶类，树姿半开张，芽叶茸毛少，持嫩性较强，产量高，抗寒性、抗旱性强	中生	乌龙茶	福建、广东、广西、湖南及生态条件相似的茶区
32	鸿雁1号	灌木型，中叶类，树姿开张，芽叶绿色带紫色，茸毛少，产量高，抗寒性、抗旱性及抗小绿叶蝉能力强	早生	乌龙茶	广东、广西、湖南、福建等茶区
33	白毛2号	小乔木型，中叶类，树姿半开张，芽叶淡绿色，茸毛特多，产量高，抗逆性强	早生	乌龙茶	广东、广西、湖南、福建等茶区
34	鸿雁7号	小乔木型，中叶类，树姿开张，芽叶淡绿色，茸毛中等，产量高，抗寒性、抗旱性及抗虫能力强	早生	乌龙茶	广东、广西、湖南、福建等茶区
35	鸿雁9号	小乔木型，中叶类，树姿开张，芽叶淡绿色，茸毛中等，产量高，抗寒性、抗旱性及抗虫能力强	早生	乌龙茶	广东、广西、湖南、福建等茶区
36	鸿雁12号	灌木型，树姿开张，芽叶绿色带紫色，茸毛少，产量较高，抗寒性、抗旱性及抗虫能力强	早生	乌龙茶	广东、广西、湖南、福建等茶区
37	鸿雁13号	灌木型，树姿半开张，芽叶绿色，茸毛少，持嫩性强，产量高，适应性和抗逆性强	早生	乌龙茶	广东、广西、湖南、福建等茶区

51.什么是特异茶树资源？特异茶树资源分哪几类？

特异茶树资源是指具有一般茶树资源不具备的一些特异或优质性状的茶树资源。特异茶树资源既是遗传育种的重要基础材料，又是高附加值产品的重要材料来源，特异资源的挖掘与利用已经成为促进产业发展的重要内容。改革开放以来，我国很多茶树品种直接或间接来源于特异资源，目前特异茶树资源有高氨基酸、高可可碱、高茶多酚、高表没食子儿茶素没食子酸酯（EGCG）、低咖啡碱等茶树资源。

（1）高氨基酸茶树资源：氨基酸是茶叶中重要的呈味物质，是形成茶叶香气和鲜爽度的重要成分，其含量与茶叶品质密切相关。茶氨酸是一种非蛋白氨基酸，是茶叶中含量较丰富的氨基酸组分。选育高氨基酸和高茶氨酸是茶树遗传改良的重要方向。一般认为，茶树春季头轮1芽2叶新梢中氨基酸总量在5.0%以上的为特异高氨基酸资源，茶氨酸含量在3.0%以上的为特异高茶氨酸资源。近年来，研究人员在浙江选育出中白1号、中黄2号和景白1号等白化类高氨基酸茶树新品种；在湖南选育出黄金茶 1号、黄金茶 2号和黄金茶168、保靖黄金茶1号，并从75份黄金茶群体种资源中获得36份高氨基酸资源，1份高茶氨酸资源；在湖北选育出2个高氨基酸优质品系E1和 20–2–1；在四川选育出川茶2号，其春季新梢氨基酸含量在5.0%以上。此外，杨春等从115份茶树资源中发现特异高氨基酸资源11份、特异高茶氨酸资源3份；方开星等从218 份茶树资源中筛选获得了55 份高氨基酸资源，13 份高茶氨酸资源。

（2）高可可碱茶树资源：茶叶的主要化学成分为茶多酚、茶氨酸、茶叶嘌呤碱等，所含嘌呤碱主要为咖啡碱、可可碱和茶碱，其中咖啡碱占干物质的2%～4%、可可碱约含0.05%、茶碱约含0.002%。在茶组植物中，有几个种以含可可碱为主，已知的有滇缅茶、紫果茶和可可茶，其中滇缅茶含可可碱约为0.5%、紫果茶含可可碱为2.9%。金基强等从国家种质杭州茶树圃选取403份具有代表性的核心种质，从中筛选出2份高可可碱（低咖啡碱）资源；研究人员培育的可可茶不含咖啡碱，富含可可碱、微量茶碱，其可可碱的含量远远高于传统茶树品种，其中，可可茶1号中可可碱含量为4.65%~6.06%，可可茶2号中可可碱含量为5.31%~6.26%。可可茶具有与普通茶类似的抗氧化、降血压、降低胆固醇等功效，在药理和生理功能上避免了咖啡碱引起的不适症状。

（3）高茶多酚茶树资源：茶多酚是决定茶叶色、香、味及功效的主要成分，占茶叶干重的20%～30%，具有抗氧化、抗肿瘤、降脂护肝、抑菌抑酶等多种生理活性。研究人员已选育出了云茶1–1、云茶3–1、云茶5–1、河头白毛茶、英红1号等茶多酚含量高于38%的特异茶树种质，内含物质丰富。

（4）高表没食子儿茶素没食子酸酯（EGCG）茶树资源：EGCG是茶叶具有抗癌功

效的核心成分，是决定茶叶饮料品质好坏的关键因子之一，是茶多酚具有生理活性和广阔用途的最关键的核心成分。根据国内外市场需求，茶树EGCG含量高于10%的被视为高EGCG品种资源，高EGCG的品种资源有大坪大叶茶、水仙黄大叶茶、宝红茶等。

（5）低咖啡碱茶树资源：咖啡碱是茶叶重要的滋味物质，我国将咖啡碱含量低于1%的茶叶称为低咖啡碱茶。为了满足特殊人群的需求，近年来各类低咖啡碱茶的研究也越来越引起研究者的兴趣，目前已筛选出部分低（无）咖啡碱茶树种质资源，如云茶D（咖啡碱含量0.2%）、金厂大茶树（咖啡碱含量0.06%）、大坝大茶树（咖啡碱含量0.07%）、南昆山毛叶茶（咖啡碱含量低于0.03%）、可可茶1号和可可茶2号（不含咖啡碱），黄山苦茶咖啡碱含量只有0.323%。这些低咖啡碱特异种质资源的筛选与发现，为选育低咖啡碱茶树品种奠定了基础。

52.叶色特异茶树资源有哪些?

特异茶树资源的选育和推广满足了消费者多元化需求，为我国茶产业优质高效发展发挥着重要作用。据不完全统计，到目前为止，我国已通过省级以上品种审定（认定、鉴定）登记，以及项目研究公开报道的叶色特异茶树资源已超过50个（表4-4）。

表4-4 叶色特异茶树资源

来源	名称	数量（个）
浙江	白叶1号、黄金芽、中黄1号、中黄2号、中黄3号、中茶211、中白1号、中白4号、千年雪、小雪芽、御金香、景白1号、景白2号、春雪1号、春雪2号、春雪3号、瑞雪1号、瑞雪2号、瑞雪3号、瑞雪4号、瑞雪5号、曙雪1号、曙雪2号、曙雪3号、四明雪芽、黄金甲、黄金蝉、黄金毫、黄茶1号、醉金红、鹅黄茶1号、鹅黄茶2号、鹅黄茶3号、金光、黄金斑、花月、花欲容、金若1号、金玉缘	39
福建	金鸡冠、金冠茶、金鸡茶、白鸡冠、黄冠茶	5
安徽	黄山白茶1号、黄山白茶2号、黄山白茶3号	3
江苏	苏玉黄	1
江西	井茗1号、黄金菊	2
四川	川黄1号、紫嫣	2
广东	岭头白叶单丛	1
云南	紫娟、大黄袍	2

53.有代表性的叶色特异茶树品种的特征特性是什么?

我国有代表性的叶色特异茶树品种简介如表4-5、表4-6所示。

表4–5 主要白（黄）茶树品种

序号	品种名称	主要特征特性	春茶萌发期	适宜推广茶区
1	白叶1号（安吉白茶）	灌木型，为低温敏感型变异茶种，具有阶段性返白现象，低于20 ℃芽叶呈玉白色，产量中等，抗逆性中等	中生	浙江及生态条件相似的茶区
2	黄金芽	灌木型，中生种，为光照敏感型、黄色系白化茶新种，春、夏、秋三季新梢表现为黄色，芽叶黄白色，茸毛多，产量中等，抗逆性较弱	中生	浙江省内年活动积温大于4 200 ℃及生态条件相似的茶区
3	中黄1号	灌木型，中叶类，为新梢黄化茶树变异品种，所制高档绿茶具有“三绿透三黄”的独特品质，产量中等，抗性较强	中生（偏晚生）	浙江及生态条件相似的茶区
4	中黄2号	灌木型，春季新梢葵花黄色、颜色鲜亮，夏茶芽叶为绿色，秋茶新梢呈黄色，成熟叶及树冠下部和内部叶片均呈绿色，产量中等，抗性较强	中生（偏早生）	浙江及生态条件相似的茶区
5	御金香	灌木型，中叶类，树姿直立高大，为光照敏感型、黄色系白化变异种，产量高，抗性优良	中生	全国宜茶区域的绿茶、乌龙茶栽培茶区
6	景白1号	灌木型，树姿半开张，中叶类，中芽型茶树品种，春季新萌发芽叶初为浅绿色，1芽1叶初展开时逐渐变为乳白色，芽、叶、茎、脉全白，持嫩性强	中生	浙江省茶区
7	景白2号	灌木型，树姿半开张，中叶类，新萌发芽头初期为乳黄色，随着芽头生长，后转为黄白色，芽、叶茎、脉全白，随着叶片的成熟逐步转为绿色，秋季（9~10月）萌发芽头又呈黄白色，耐高温，耐干旱性、耐寒性较强	中生	浙江省茶区
8	中白1号（安吉白茶1号）	灌木型，中叶类，树姿较直立，春季芽叶乳黄色，新梢长到1芽4、5叶开始转绿，夏、秋梢芽叶浅黄绿色，抗逆能力强	晚生	积温大于3 200 ℃以上的茶区
9	中白4号	灌木型，中叶类，树姿半开张，为复色系白化新品系，幼嫩芽叶呈玉白色，芽头小，抗逆能力较强，耐旱性和耐寒性强	中、晚生	广大宜茶区域

续表

序号	品种名称	主要特征特性	春茶萌发期	适宜推广茶区
10	千年雪	灌木型，中叶类，树姿半直立，春茶新芽萌展初期短粗、乳白色，萌展后渐成绿茎白叶	中生	浙江省内年活动积温小于5 000 ℃的茶区的山地中性、酸性土地段
11	四明雪芽	树姿直立，大叶类，为低温敏感型，白色系白茶品种，芽白型品种，白化启动早	中生	年积温小于5 000 ℃的茶区
12	黄金斑	灌木型，树姿半开张，小叶种，为生态不敏感型复色系白化变异种，叶色黄绿复色	中生	长江中下游地区
13	金玉缘	灌木型，小叶类，树姿半开张，芽型小，复合型复色系白化变异种，叶色黄白绿复色	中生	全国宜茶区域的酸性或中性土地段

表4–6　紫芽茶树品种

序号	品种名称	主要特征特性	春茶萌发期	适宜推广茶区
1	紫娟	小乔木型，叶披针形，为高花青素含量的特色品种，嫩梢的芽、叶、茎均为紫色，花萼、花梗呈浅紫色，果皮微紫，产量高，抗寒性、抗旱性、抗病虫能力较强	中生	云南大叶种茶区及生态条件相似的茶区
2	紫嫣	灌木型，中叶类，树姿半开张，为高花青素含量的特色品种，嫩梢的芽、叶、茎均为紫色，抗性较强	晚生	海拔1 200 m以下、pH值要求4.0~6.0的茶区

54.茶树无性繁殖和有性繁殖各有什么特点?

（1）无性繁殖：是利用茶树营养器官或体细胞等繁殖后代的繁殖方法，主要有扦插、压条、嫁接、组织培养等，短穗扦插是目前茶树无性繁殖的主要方法。无性繁殖优点是能保持茶树母本的优良性状，后代的性状一致，有利于茶园机械化作业和保证茶叶品质；繁殖系数大，有利于迅速扩大良种茶园，克服某些不结实茶树繁殖上的困难。缺点是无性繁殖技术成本高，难度大，苗木运输不方便；母树的病虫害容易传给后代；苗木的抗病能力比实生苗要弱。

（2）有性繁殖：是利用茶树种子进行后代繁殖的方法。有性繁殖的优点是茶苗主根发达，入土深，抗旱性、抗寒能力强；繁殖技术简单，苗期管理方便、省工，种苗的成本低，比较经济易行；茶籽便于贮藏和运输，便于长时间引种，有利于良种推广；其后代具有复杂的遗传特性，适应环境能力强，有利于引种驯化和提供丰富的选种材料。缺点是有性繁殖的后代容易出现性状分离和差异，萌芽期、芽叶色泽均有不同，对机械化采摘作业有影响；不能解决结实率低及不结实茶树的繁殖问题。

55.茶树扦插繁殖的原理是什么？

（1）茶树的再生机能。茶树是具有复杂结构的树体，是由未分化的胚性细胞经过重复分裂繁殖，在形态和生理上进一步分化、发育而来。从茶树母体上切取的插穗，能进一步通过生理结构的调整，恢复细胞的分裂活动，再次形成完整的植株个体，这是再生机能的一种表现形式。

（2）插穗生根的机制。茶树插穗切面上的受伤细胞，因原生质的分解而产生一种创伤激素，被内层未受伤的健全细胞吸收，使健全细胞的细胞膜木栓化，并将死伤细胞同健全细胞隔离。切口处的创伤激素和插穗上部转移来的生长激素在其他生根诱导物质的作用下，切口内层的健全细胞发生与切面相平行的分裂而形成愈伤组织。这种愈伤组织特别发达，对插穗切口起到了保护作用，可以防止病原菌侵入，也可防止插穗中有效物质的流失。同时，生长素的活动增强，进一步促进了愈伤组织的细胞分裂，愈伤组织薄壁细胞逐渐开始分化，形成愈伤木质部。它先同插穗中水分和养分的通道输导组织连通，再同愈伤组织木质部的外侧连接，发展成为根原始体，最后形成根。

56.怎样培育采穗母本园？

母本园是用于培育枝条的茶园，为了获得较多的健壮枝梢，提供优质插穗，必须做好采穗母本园的培育。采穗母本园的培育措施主要有以下几点。

（1）合理修剪。修剪有利于刺激茶芽萌发及新梢生长，增加适合扦插的有效枝条。选择品种纯度高、长势好、病虫少的健康茶园，根据树龄、树势确定采穗母本园的修剪程度，生长旺盛的青壮龄母树距离地面40~50 cm修剪，衰老母树要进行台刈。根据茶树扦插时间确定母树的修剪时间，夏季扦插的应在早春修剪，秋季扦插的应在春茶采摘后修剪。

（2）加强肥培管理。采穗母本园重施基肥，以有机肥为主，增施磷、钾肥，使其产生具有分生能力的枝梢。一般在养穗的上年秋季每亩施菜籽饼肥200 kg或厩肥2 000 kg左右，可以配施硫酸钾肥15 kg和过磷酸钙肥25 kg。养穗当年春茶前、剪穗后需要施氮肥10 kg左右。绿色茶园使用肥料必须符合《绿色食品 肥料使用准则》的质量标准要求。

（3）及时防治病虫害。母树在加强肥培管理后，树势旺，枝叶密集，新梢肥嫩，易发生病虫害，为保护母树新枝的生长，防止带病虫的枝条通过繁殖传播到其他地方，要加强病虫害的预测和预报，进行及时防治。

（4）清除花果。母本园一旦出现花蕾、幼果，应及时摘除。去除花果的方法一是人工摘除，二是喷施500×10^{-6}乙烯利抑制花果生长，引起落花落果。

（5）分批打顶，促使新梢木质化。经过修剪和肥培管理后，新梢生长加快，用作插穗的新梢需要一定的木质化程度。为促进新梢木质化，一般在剪穗前10~15 d进行打顶，促进新梢增粗老化，但由于新梢萌发的时间不一致，因此，应分批进行打顶，新梢变红的先打顶，细嫩短小的留养一段时间再打顶，先打顶的可先剪穗，后打顶的后剪穗，这样不仅有利于分批剪穗，合理安排劳动力，也有利于提高插穗的质量和产量。

57.如何选择茶树短穗扦插时间?

茶树扦插全年均可进行，但由于各地的气候、土壤和品种特性不同，扦插效果有一定的差异。茶树扦插时间的选择应充分发挥各地气候、季节及品种的最大优势。

（1）春插。在华南茶区，一般春插在2～3月；江南茶区略迟，在3～4月；江北茶区常在4月开始。春插的优点是苗圃利用周转较快，尤其是春季雨水较多的茶区，管理上既省工又方便，但是春插一般需要70～90 d才能发根，有的地区成活率不高。春插成活率不高的原因主要是，枝条在越冬后营养物质减少，扦插后萌发快，养分消耗多，同时也受到雨水过多和地温太低的影响，且春插一般在当年出圃，苗期相对较短，所以春插应该选用肥沃的土壤作苗圃，选取健壮的枝条作插穗，加强培育管理。

（2）夏插。在6月中旬至8月上旬扦插为夏插，夏季扦插发根快，成活率高，幼苗生长苗壮，但是由于夏季温度高，如果遮阴不当，容易使插穗失水干死，同时夏插的插穗在苗圃中培育一般需要一年半左右的时间，周期长，苗木的生产成本较高。

（3）秋插。一般在8月中旬至10月上旬进行，秋插时虽气温渐趋下降，但是地温仍稳定在15 ℃以上，而且秋季叶片的光合能力强，加之扦插后插穗的腋芽很快进入生长休止期，对促进插穗的愈合和发根都有利。秋插的管理周期比夏插短，管理较省事，因而成本低。

（4）冬插。在10月中旬至12月扦插为冬插，一般在冬季气温较高的茶区应用较多。

大量的扦插试验表明，信阳地区扦插以秋插最为适宜，这时气温虽然下降但地温高，茶树切口愈合发根快，缩短了扦插到发根的时间，管理周期短，有利于降低生产成本，同时土壤病菌为害扦插的机会减少，插穗成活率高。

58.如何选择与建立短穗扦插苗圃地?

（1）苗圃地的选择。应选择交通便利、排灌方便、地势平坦、地下水位低、靠近母本园的田块，土壤结构良好、土层深厚、酸性、肥力中等以上的壤土最佳。

（2）苗圃地的建立。

1）苗圃地的翻耕。一般分两次进行。第一次全面深耕，深度在30 cm以上，休闲地可在冬季翻耕；第二次在做苗床前进行，深度为15～20 cm，翻耕时要把土块打碎。然后根据地形进行田间设计，包括排灌沟、蓄水池、道路、苗床的布置，以及平整必要的通路，通常每块苗圃地的四周要建立排灌水沟，并与蓄水池相连通。蓄水池可设在苗床两端的沟中，大小深浅可根据需要而定。

2）苗床的整理。苗床的方向一般以东西向为好，这样可以减轻风害、冻害，避免太阳过多地从苗床侧面射入。畦长10～20 m，畦宽为1.2 m左右，过宽易积水，且操作不便，过窄土地利用率不高。畦高取决于地势和土质条件，一般畦高15 cm，如排水不好的地块畦高要达20 cm，以利于排水。畦沟底宽35～40 cm，也可视苗圃地表径流而定。作畦前要施底肥，以饼肥较为适宜，每亩施用量150 kg左右；如施用腐熟的厩肥或堆肥，使用量应增加10倍左右，并与土壤充分拌和、平整、压实，并碎土、耕平，剔去杂草、杂物。

3）铺心土。也称扦插土、生土、新土。心土应用酸性红黄壤土，这种土壤结构比较好，土质疏松通气性好，浇水后不板结，酸度适中，微生物少，插穗在这种土壤中，伤口易愈合，不会出现霉烂，发根快，而且可减少杂草滋生。把取出的土先打碎或用孔径1 cm左右的筛子过筛，然后平铺在畦上，厚度5 cm左右，铺好心土后用扁木棒适当敲打，使床面平整，使表层土壤较紧实，以便插穗与心土密接，并固定于土中，但要注意，床面的土不能敲得太紧（图4–1）。

图4–1　整畦铺心土

59.茶树短穗扦插的关键技术有哪些?

（1）剪穗。在已培育好的母本园中剪取2/3以上半木质化、棕色或黄绿色、腋芽饱满、叶片完整、无病虫害的当季成熟枝条。扦插短穗3～4 cm长，带有1片成熟的叶片和1个健壮饱满的腋芽，剪口光滑并且与叶片成平行的斜面，叶柄上留桩2～3 mm。注意短穗太长容易接触苗床基肥，造成烧苗、烂苗；短穗太短，接触土壤部分过少，不利于愈合生根，而且很容易被风吹动，影响成活率。如果节间短，可留下两节，但只留上端的叶片和腋芽，下部剪掉，如有花蕾随时摘除。剪取时间以上午10时前或下午3时后为宜，做到当天剪的短穗当天插完（图4–2）。

图4–2　剪穗

（2）插穗处理。由于茶树插穗发根慢，在适宜的环境下需要40 d左右才能发根，为促进根原基的形成，提高生根能力，提高插穗成活率和出苗率，生产上常使用一定浓度的植物生长素浸渍和涂蘸茶树插穗基部以促进茶树插穗发根（图4–3）。

图4-3　插穗处理

（3）扦插。

1）扦插密度：一般以正常叶长宽作行株距，以插穗叶片前后行不遮盖腋芽、左右插穗的叶片不重叠为宜，中、小叶品种扦插密度一般是行距8 ~ 10 cm，株距2 ~ 3 cm。

2）扦插方法：提前2 ~ 3 h进行苗床洒水使其表土充分湿润，喷透水待扦插，按照行距要求在苗床上按畦宽方向划行。扦插时用拇指和食指夹住短穗上端的叶柄处以60°的倾角轻轻插入划好的行距心土中，使叶片和叶柄露出地面，待一行插好后，用食指或中指沿着插穗行，将插穗附近的泥土稍稍加压，让插穗和泥土密接，有利于发根。为避免被风吹动，扦插时短穗叶片的方向应顺着当时的主要风向排列，并保持插穗叶片朝向一致；叶片不要紧贴地面和泥土，以防止因泥土堵塞气孔而腐烂脱落。扦插中各个环节应紧密结合，要边扦插，边浇水，浇到插穗基部湿润，随即搭棚遮阴（图4-4）。

图4-4　短穗扦插

60.促进茶树扦插短穗发根的技术措施有哪些?

大多数茶树品种扦插容易发根，但有一些品种扦插发根困难、成活率低，为解决这些问题，可以采用以下措施促进插穗发根。

（1）应用植物生长素处理。应用植物生长素处理可促进插穗提早发根，提高茶树扦插成活率，但在处理时要注意植物生长素的浓度，适宜的浓度可以促进发根，浓度过高反而会产生抑制作用，甚至使插穗或植株死亡。生长素处理分为处理母树和处理插穗两种，处理母树是在剪穗前10 d左右用配好的生长素溶液喷施于茶树树冠，每平方米喷施量为500 mL；处理插穗是将插穗基部1 ~ 2 cm浸在生长素溶液中，浸渍时间与浓度有关，低浓度浸渍时间长些，浓度稍高的时间可短些。茶树扦插处理常用的植物生长素有萘乙酸、吲哚丁酸、2，4–D、赤霉素等。

（2）应用生根粉。ABT生根粉是一种高效广谱的生根促进剂，配制和使用过程中，均不能使用金属容器，使用前先将1 g生根粉用95%乙醇500 mL溶解，然后再加水稀释到所需浓度，浸渍插穗基部。据广西桂林茶叶研究所在茶树扦插上应用的结果显示，发根提早14 d，根数增加18条，成活率提高41.8%，出圃率提高29.6%，效果十分显著。ABT生根粉使用可以分为慢浸和速浸两种，慢浸浓度为100×10^{-6}，浸2 ~ 4 h；速浸浓度为$300 \times 10^{-6} \sim 500 \times 10^{-6}$，浸5 s左右，浸后放置4 ~ 8 h再扦插。

（3）母树黄化处理。处理方法是当母树的新梢长到1芽2、3叶时，在母树茶行上搭隧道形拱架，拱架高比茶丛高30 cm，用黑色塑料薄膜覆盖在拱架上，使茶丛下部有20 cm空间，其余全部遮盖，经2 ~ 3周后揭除黑色塑料薄膜。

61.扦插苗圃管理措施有哪些?

（1）水分管理。扦插初期，插穗无根，插穗水分的补充方式有两种：一是通过茎的输导组织，从苗床中吸水；二是通过叶片角质膨胀吸收水分。适时浇水，保持苗床湿润是使插穗发根和成活的关键。插穗在发根过程中，茎的呼吸作用旺盛，要求土壤有适当的水分供应，如土壤含水量过多，会造成空气缺乏，呼吸困难，不利于发根和根的生长发育，且易生病害，所以，土壤不能太湿，以含水量70% ~ 80%为宜。对空气湿度的要求是愈大愈好，主要是因为空气湿度大叶片吸水容易，可减少叶面蒸腾失水，降低地面蒸发，保持土壤湿度，使细胞的吸胀作用变大，细胞分裂快，促进新根生长。一般晴天早晚各浇水一次，阴天隔1天浇一次，以后逐渐递减，新根长出后，以表土不露白为度。雨天不浇，大雨久雨还要及时排水。

（2）温度控制。插穗发根需要一定的温度，因为温度的高低对插穗的呼吸作用、蒸腾作用、酶的活性和分生组织细胞分裂能力等有重要的影响。研究表明，茶树扦插最适宜的温度是20～30 ℃，尤其是25 ℃左右时最为理想；插穗发根地温在20～35 ℃为宜。

信阳茶区秋季扦插要做好防晒、防冻保温工作，要搭设遮阴、保温棚架，当冬季气温降到5 ℃以下时，要采取保温措施，如搭棚覆盖薄膜、加盖草垫、园内铺草等能有效提高苗床的温度和地温。春季气温迅速回升时，应白天掀开，夜晚覆盖，注意倒春寒突袭。

（3）光照管理。插穗的芽、叶通过光合作用形成生长素和营养物质，在完全缺乏光照的遮阴条件下，光合作用不能进行，不利于短穗剪口愈合生根；若光照过强，叶片失水太快而枯萎掉落，短穗上剪口干枯。尤其在茶树扦插初期，光照不宜过强，适当光照可以提高基质和空气的温度，能使插穗通过光合作用积累养分促进生长激素的形成，促使插穗生根，因此要对茶树扦插苗圃进行适当的遮阴（图4–5、图4–6）。

（4）及时除草。茶树扦插苗床极易滋生杂草，为保证茶苗正常生长，拔草要做到“拔早、拔小、拔了”，才不会因拔草损伤茶苗幼根或带动茶苗，影响发根固定，除草时应同时除去插穗上的花蕾（图4–7）。

（5）肥培管理。追肥一般在扦插苗发根后进行，注意由于扦插苗幼嫩，不耐浓肥，原则上追肥应先淡后浓，初次追肥可用浓度0.3%~0.5%的尿素、10%的腐熟人畜粪

图4–5 苗床搭小拱棚

图4-6　苗床遮阴

图4-7　苗圃人工除草

尿，以后逐渐增加，还可以喷施叶面肥。追肥可以结合浇水防旱进行。

（6）病虫害防治。由于扦插苗圃的环境比较阴湿，容易发生病虫害，短穗扦插后，应及时观察监测病虫害，采取早发现早防治。使用药剂和浓度可参照常规茶园进行。

62.茶籽育苗的技术要点是什么？

（1）苗圃选址与苗床整理。

1）选址：选择地势平坦或坡度小的缓坡地，土壤微酸性，土质疏松肥沃，排灌条件较好的地块作为实生苗圃。同时要求交通方便，不要选用前作是烟、麻或蔬菜地作苗圃。

2）苗床整理：全面深翻土壤，深度35 cm左右施入底肥，深耕后，将土块砸碎耙平，再做苗床。苗床宽1 m左右，长10 m左右，高10～20 cm，畦沟宽40 cm左右。

（2）播种技术。

1）适时播种：在我国大多数茶区茶籽播种时间为11月至翌年3月，冬播在11~12月，春播在2~3月，但以冬播为好。

2）清水选种和浸种：茶籽经适当浸种后进行播种，可以促使茶籽提早出土，有利于提高出苗率。方法是将茶籽倒入盛有清水的容器中浸泡2～3 d，每天换1次水，除去浮在水面的种子。

3）催芽：将用清水选种和浸过的茶籽摊在干净且用0.1%的高锰酸钾消毒的细沙上，厚度为6～10 cm，放在温室或塑料薄膜棚内，温度保持25 ℃，每天洒水1~2次，当50%茶籽露出胚根时即可。

4）播种：苗圃地育苗播种方式主要有穴播、窄幅条播。一般穴播的行距为15～20 cm，穴距为10 cm左右，每穴4~5粒，每亩播种量80～100 kg；窄幅条播的行距为25 cm，播幅5 cm 左右，每亩播种量120 kg。播种后需要立即覆土，覆土厚度为2～3 cm，冬播覆土稍厚，春播覆土宜浅。

（3）苗圃管理。及时除草，减少杂草与茶苗争夺水分，出苗期应以人工除草为主；多次追肥，一般在茶籽胚芽出土至第一次生长休止时，开始施用追肥，追肥一般4～6次，可以施用稀薄人粪尿或畜液肥（加水5～10 倍），或施用0.5%的硫酸铵；注意做好病虫害防治，确保茶苗正常生长。

63.茶苗出圃与运输注意事项有哪些？

茶苗出圃与运输是茶树引种栽培过程中一项重要的技术措施，不论是哪种方法繁殖的茶苗，苗木都要符合标准，进行检验、检疫和包装运输。

（1）茶苗标准：符合《茶树种苗》（GB 11767—2003）标准，无性系大、中、小叶种1足龄扦插苗质量指标见表4–7、表4–8。

表4–7　无性系大叶种1足龄扦插苗质量指标

级别	苗龄	苗高/cm	茎粗/ mm	侧根数/根	品种纯度/%
Ⅰ	一年生	≥30	≥4.0	≥3	100
Ⅱ	一年生	≥25	≥2.5	≥2	100

表4–8　无性系中、小叶种1足龄扦插苗质量指标

级别	苗龄	苗高/cm	茎粗/ mm	侧根数/根	品种纯度/%
Ⅰ	一年生	≥30	≥3.0	≥3	100
Ⅱ	一年生	≥20	≥2.0	≥2	100

（2）茶苗检验、检疫：为了确保茶树良种茶苗的纯度，防止病虫害传播，对引进的茶苗应进行检验、检疫，我国对外检疫由国家市场监督管理总局负责，国内由农业农村部管理，未经检疫或检疫不合格的茶苗不得调出。检疫方法如下：

1）抽样：按表4–9茶苗检测抽样量表规定的比例随机抽样。

2）品种纯度：根据被检品种的主要特征，采用比对法对被检苗木逐株鉴定。

品种纯度=本品种苗木/总苗木数×100%

3）苗高：自根茎处量至顶芽基部。

4）茎粗：用游标卡尺等量具测量离根茎10 cm处的主干直径。

表4–9　茶苗检测抽样量表

苗木总株数	抽样株数
＜5 000	40
5 001 ~ 10 000	50
10 001 ~ 50 000	100
50 001 ~ 100 000	200
＞100 001	300

（3）包装运输要求。

1）起苗：当茶苗达到出圃标准后，一般在春、秋季出圃移栽。起苗时根部要多带泥土，少伤根系，如苗圃土壤干燥，可以在起苗前一天进行浇灌有利于起苗。起苗时间一般以下午接近傍晚时或阴天为最好，这样晚上装车，第二天便可及时起运栽植。

2）包装运输：合理的装运方式对茶苗的成活率有很大的影响，因此，必须做好茶苗装运这一环节的各项工作。外运茶苗需要包装，首先将出圃的茶苗按每100株为一捆

捆扎好，用泥浆蘸根，再用稻草包住茶苗根部避免茶苗根系外露。品种茶苗应挂上标记，写明品种名称、数量，以免发生差错。在运输途中，要防止日晒和风吹，要加盖草帘和蓬盖并适当浇水，以免茶苗发生萎蔫现象。茶苗运到目的地后，应分品种堆放，并及时栽种。

第五章　茶园栽培管理

64.茶树修剪的作用是什么？

茶树修剪是茶园管理中一项重要的技术措施，它的作用主要有以下几点：

（1）控制茶树的顶端优势。在植物生长过程中，顶端枝梢或顶芽的生长总是比侧枝或侧芽生长迅速旺盛，呈现明显的生长优势就叫顶端优势。修剪剪去茶树的顶芽或顶端的枝梢时，可以解除顶端优势，促进侧芽、不定芽或侧枝迅速萌发生长，促使茶树分枝、培养粗壮合理的树冠骨架。

（2）改变茶树树冠结构与生产能力。茶树枝条的上下部分，不但在形态上有区别，而且在本质上也是有区别的，这就是茶树枝条的异质性。利用茶树枝条的异质性，可以通过修剪调节发芽的部位，塑造新的树冠结构，恢复树姿，提高生产力。

（3）调节茶树地上部与地下部的平衡。茶树树冠与其根部会构成相互对立而又统一的整体，当茶树地上部修剪后打破了根系和树冠之间原来的养分供需平衡，根系贮藏的营养物质、吸收的矿质元素、生成的激素等将集中向上运输到枝梢上，刺激地上部迅速恢复生长，促进新的侧芽和新梢生长。

（4）改变茶树体内的碳氮比，加强茶树的营养生长。茶树的碳氮比例是指茶树体内的有机营养和无机营养的相对比例，茶树幼嫩的枝条含氮量高，老叶和木质化的枝条含碳量高，茶树修剪后，剪去了细弱、老化、含碳量高、养分运输困难和花果较多的枝条，新枝代替老枝，吸收、光合、蒸腾效率提高，改变了茶树体内的碳氮比，使茶树体内的营养物质集中供给营养芽的生长，促进了新枝的生长发育，抑制了生殖生长。

65.茶树修剪的主要方法有几种？

茶树树冠管理上推广应用的修剪方法主要有定型修剪、轻修剪、深修剪、重修剪、台刈5种。

针对不同树龄、不同树姿及不同茶树品种合理地运用不同的修剪方法培养树冠，可以达到优质、高产、高效的目的。不同的修剪方法作用各不相同：定型修剪是培养茶树树冠骨架，促进分枝，扩大树冠；轻修剪和深修剪是为了保持树冠面生产枝的数量和粗度，控制茶树树冠在一定的高度，使生产茶芽的产量和品质维持在一定的水平；重修剪和台刈使衰老茶树的枝梢复壮，会比原来茶树的树型更好和生产力水平更高。

66.如何确定茶树合适的修剪时期？

茶树修剪时期适当与否，与修剪后新生枝条的生长量与粗壮程度有密切关系。不同时期进行茶树修剪，对树冠形成的好坏影响很大，修剪时期选择不恰当，达不到预期的目的，甚至会造成茶树枝干枯死。

茶树新生枝条的生长强度均以春茶前修剪为最好，茶树最理想的修剪时期是在2月下旬或3月上旬，部分地区的茶园考虑到当年的收益，整形修剪和更新修剪在春茶后（5月中旬）进行。茶树的修剪时期还必须与当地的气候条件相结合，高山地区一般寒冷来临较早，霜期较长，为了避免修剪后茶树新梢受冻害，春茶修剪要适当推迟；干旱少雨的地区，夏茶期间的修剪应提早进行；耐寒性较弱的茶树品种修剪时期应适当推迟；发芽早的茶树品种修剪时期应相应提前。

67.幼龄茶树怎样进行定型修剪？

灌木型幼龄茶树一般需要进行三次定型修剪，具体的修剪方法是：

（1）第一次定型修剪：对于正常出圃的无性系茶苗定型修剪在茶苗定植后进行，对于生长较差的茶苗未达上述标准时，定型修剪应推迟到次年进行。定型修剪以离地面15～20 cm修剪为宜。修剪时用整枝剪只剪主枝，不剪侧枝；剪口应向内侧倾斜，保留茶树外侧的腋芽，使发出的新枝向外侧倾斜，剪口要光滑，以利于愈合。修剪以春茶前进行为宜，剪后当年留养新梢。种子直播茶园在茶苗出土后的第二年进行修剪。

（2）第二次定型修剪：在第一次定型修剪一年后进行，修剪时间以春茶前为宜，修剪高度为上次剪口提高10~15 cm。修剪时用篱剪按照修剪高度剪平，用整枝剪将过长的桩头修剪掉，要注意留外侧的腋芽。

（3）第三次定型修剪：在第二次定型修剪一年后进行，修剪高度为第二次剪口上提高10 cm左右。

68.幼龄茶树定型修剪时应该注意哪些问题？

（1）由于幼苗贮存养分不足，剪后生长又需要较多养分，所以定型修剪需选择在幼苗体内养分贮存较多的时期；另外，剪后不能有较持久的干旱期发生，因茶苗幼小、根浅易受旱害。

（2）定型修剪的幼苗枝干生长高度是修剪的重要标准，高度不足会影响骨干枝的健壮度，枝条不粗壮就不能形成强壮骨干枝。

（3）定型修剪不能以采代剪，由于采摘的对象是嫩梢，修剪的对象是木质化程度较高的枝梢，如以采代剪，会形成过密而不壮的分枝层，不能形成粗壮的骨干枝。

69.茶园如何进行轻修剪和深修剪？

（1）轻修剪是为了调整茶树树冠，促进侧枝生长，扩大冠幅，促使树冠平整，培养良好的采摘面。一般每年在茶树树冠采摘面上进行一次轻修剪，要求只剪去高出树冠面的突出枝条，不剪树冠面的平整部分，每次在上次剪口上提高3～5 cm，轻修剪采取冬剪和春茶后修剪相结合的方式进行。由于各地生态条件、茶树品种及茶树的生长势等存在较大的差别，因此轻修剪的程度必须根据茶园所在地的具体情况酌情加以应用，要因地制宜，因树制宜。轻修剪必须考虑使树冠面保持一定的形状，纬度高、发芽密度大的灌木型茶树，以弧形修剪面为好；纬度低、发芽密度稀的乔木、小乔木茶树，生长强度大，以水平形修剪面为好。

（2）深修剪是为了剪去茶树“鸡爪枝”，使茶树重新形成新的具有旺盛生产力的枝叶层，提高茶园产量和品质。修剪次数应根据茶园状况和生产要求掌握，一般每隔5年左右修剪一次。修剪在春茶结束后进行，修剪深度依“鸡爪枝”的深度而定，一般为10~15 cm。

70.茶树重修剪和台刈的技术要点是什么？

（1）重修剪适用于半衰老和未老先衰的茶树，其主枝和一、二级分枝粗壮、健康，尚有一定的生长能力，采用深修剪已不能恢复茶树树冠面的生长势。重修剪时期原则上以茶树休眠期为好，但为了考虑春茶生产，可以在春茶后修剪，修剪深度一般是剪去树冠的1/3~1/2（以离地30～40 cm处剪为宜）。

（2）台刈是彻底改造茶树树冠的方法，茶树树势衰老，采用重修剪方法已不能恢复树势，即使增施肥料也很难提高茶园产量，对这类茶树可采用台刈更新茶园。台刈时间以早春较好，这时期茶树根部积累养分较多，台刈后茶树萌发有力，台刈高度一般以离地5～10 cm为宜，不同类型的茶树台刈高度掌握有所不同，小乔木和乔木型的茶树台刈留桩宜适当高些，可以在离地20 cm左右台刈。

71.茶树修剪后的管理措施是什么？

修剪是茶树栽培综合管理中的一项重要技术措施，为了充分发挥各种修剪的预期效果，必须加强施肥、留养及病虫害防治等管理措施。

（1）加强肥水管理。定型修剪的茶树，按照茶树的生长规律一年施一次基肥两三次追肥，也可多次追肥。追肥时间在茶树根系快速生长到来之际、当地气候条件相对温和时进行，不会因开沟施肥对茶树根系造成损伤而使树体受到大的伤害。追肥应尽量避开少雨、夏季连续高温干旱时期。轻修剪、深修剪的茶树，树冠面还保留较多的枝叶，可以在修剪前后在茶树行间边缘开沟施入一些速效氮肥和体积小的有机肥。重修剪和台刈的茶树，在修剪后进行土壤的耕作与施肥，施入有机肥和磷、钾肥，加大改造园中磷、钾肥施用比例，促使茎干生长健壮，待修剪后的茶树新梢萌发时及时追施催芽肥，可以促使新梢尽快转入旺盛生长。

根据土壤养分、茶树树势确定施肥量，修剪程度越重施肥量应越多，基肥在秋、冬深耕时施入，一般台刈茶园每亩施有机肥1 500 kg或饼肥100 kg以上，可以根据茶园土壤肥力情况配施氮、磷、钾肥。台刈茶园追肥应在茶树生长期间分次施用，每亩年用氮量不少于10 kg，以氮、磷、钾肥配合使用为好。重修剪茶园用肥量可少于台刈茶园，深修剪茶园用肥量可少于重修剪茶园。修剪下来的枝叶应还园，可以改良茶园土壤，增加土壤有机质；可以在重修剪和台刈茶园茶行间间作豆科作物和高光效牧草，以此增加产业链的循环环节。

（2）合理采养结合。茶树定型修剪后，应以养为主，若年生长量大，可在采茶季结束前适当打顶轻采；深修剪、重修剪茶树的采摘管理以培养树冠为主，把握“以养为主、采摘为辅、分批打顶、采摘结合”的原则，重新培养采摘面，经过1～2个茶季留养、培养茶树树高、树幅达到合理时，才能正式投采。

（3）防治茶园病虫害。茶树修剪后由于枝梢生长旺盛，芽梢持嫩性好，是病虫害滋生的良好场所，极易发生病虫害，因此茶树修剪后应加强病虫监测防治，对剪下的病虫为害的枝叶要及时处理，可以在茶丛根茎部周围进行一次彻底喷药，以杜绝病虫繁殖，确保复壮树冠枝壮叶茂。

修剪茶园除了上述施肥、留养、病虫害防治等管理措施外，其他茶园农业生产措施可以合理配合运用，比如行间铺草、灌溉、耕作等，使茶园改造后能获得最佳效果。

72.茶园灌溉方式有哪几种？各有什么优缺点？

茶园灌溉一般包括四种方式，即浇灌、流灌、喷灌和滴灌。前两种是比较原始和常规的方式，后两种是现代化茶园中最合适的灌溉方式。

（1）喷灌：是把有压力的水经过装有喷头的管道喷射到空中，形成水滴洒到田间的灌水方法。优点是节省劳动力，提高工效；使绝大部分水均匀渗透入茶园耕作层，可以避免地面水流失；能改善茶园小气候，促进茶树生长发育，提高茶叶产量和品质。缺点是喷灌设备投资较高，存在局限性，遇到大的风力时会降低灌水均匀度。

（2）滴灌：是将稍有压力的水经过管道和滴头滴入作物根部泥土，进行局部灌溉的一种浇水方法（图5-1）。优点是节约用水；可以防止茶园土壤板结，减少地表径流和地面蒸发，且有利于茶树根系的吸收。一般平地茶园或缓坡茶园可选择滴灌。缺点是投资大，滴管滴头和毛管容易堵塞。

图5–1　茶园滴灌

（3）浇灌：是直接将水淋于茶树根部（图5–2）。优点是节约用水，减少水土流失，可以与施肥相结合等。浇灌应在早晚进行，一次性浇透。

图5–2　茶园浇灌

（4）流灌：是利用抽水泵或其他方式把水通过沟渠引入茶园的灌溉方式（包括沟灌和漫灌）。沟灌是在茶园行间开沟，水在沟内借土壤毛细管作用边流动边渗透到茶园土壤根层中，供茶树吸收利用；漫灌是指将水直接引入茶园，让水在茶园内漫流而浸润土壤的一种灌溉方式。流灌的优点是简便易行，投资不大，能解除茶园土壤干旱，一般适宜于平地茶园、水平梯级茶园和坡度均匀的缓坡地茶园。缺点是对地形要求严格，灌溉水的利用率较低，渠道占地较多，容易导致水土流失，同时漫灌容易引起土壤板结。

73.造成茶树生长不良的土壤障碍因子主要有哪些？改良方法是什么？

土壤是茶树生长的基础，茶树生长所需要的水分、营养元素等物质主要通过土壤进入体内，土壤质量的好坏直接影响着茶树生长、茶叶品质与产量。影响茶树生长的不良土壤有以下几种常见种类。

（1）过酸土壤。茶树是喜酸植物，要求土壤pH值4.5~6.5，茶园土壤pH值在4.5以下属酸化土壤，pH值6.5~7.0属酸度过强土壤，都会影响茶树生长，导致茶园低产、低质。pH值超过7.0的土壤，一般不宜种植茶树。

1）酸化土壤的改良方法：①pH值过低的茶园，可以采取适度增施白云石粉等调整土壤pH值。把白云石粉粉碎过100目筛，在茶树地上部生长结束后撒施在茶园行间，每亩茶园施25～50 kg，结合耕作翻入茶园，1年1次，待茶园pH值上升到5.5后停止施用。②施有机肥提高土壤缓冲能力减少茶园酸化。有机肥如厩肥、堆肥和土杂肥等一般具有中性或微碱性反应，在茶园中具有中和土壤游离酸的作用，同时有机肥都含有丰富的钙、镁、钠、钾等元素，补充茶园盐基物质淋失而造成的不足，具有缓解土壤酸化的效果，增施有机肥可以提高土壤有机质含量，大大缓解土壤酸化进程。③调整施肥结构，防止营养元素平衡失调。根据茶树吸肥特性和土壤特点，将几种肥料复配成茶树专用肥，这种肥针对性强，施入茶园具有平衡土壤营养条件和防止土壤酸化的作用。

2）酸度过强土壤的改良方法：①化学改良，主要是施一些土壤酸化剂，如硫黄、明矾（硫酸铝钾）、绿矾（硫酸亚铁）等。如施硫黄改良的，每年每亩施25～50 kg；如施明矾改良的，每年每亩施20～40 kg；如施绿矾改良的，每年每亩施30～60 kg。经过几年改造后，土壤酸度可逐步得到调整。②农艺措施，主要是施生理酸性肥和化学酸性肥料，如硫酸铵、硫酸钾等。③工程措施，主要是换土。先把行间石灰含量过高的土壤挖走，然后填入酸度大的生荒土配施有机肥，换土越彻底效果越好。

（2）硬塥土壤。硬塥土壤是指表土层以下存在硬实土层，因建园深耕度不够，没有打破塥土层，阻碍茶树根系向下生长，使茶树生长不良，同时降低茶树的抗旱和抗寒能力。

改良的方法是：深耕改土，通过深耕打破塥土层加深土层，结合施有机肥

（如农家肥、生草覆盖、冬夏间作绿肥、修剪枝叶铺散）熟化土壤。具体做法是在茶行间挖一条宽60～70 cm、深70～80 cm的槽，取出坚硬的塥土放一边，取表土填入槽中，施入有机肥，再盖上生土。换土必须在茶树重修剪后进行。

（3）瘦瘠土壤。瘦瘠土壤养分含量低，水源条件差，易受侵蚀，水土流失严重，茶树长势差。

改良方法是：增施有机肥，配施适量的氮、磷、钾肥逐步培肥土壤；这类茶园通常覆盖度较低，可以考虑间作绿肥，翻压掩青，增加土壤有机质，创造良好的土壤结构，提高土壤保水保肥能力；改善灌溉条件，防旱保收。

74.茶园土壤耕作对茶树生长有什么影响？不同耕作技术要点是什么？

茶园耕作是茶园土壤管理的一项重要内容，合理耕作可以疏松表土板结层，增强土壤孔隙度，提高土壤通透性，改变茶园土壤的水热状况，从而有利于茶园土壤微生物的生长和繁殖，增加生物活性，加速土壤熟化进程，提高土壤有效养分的质量，能有效提高茶叶品质与产量，还可以清除茶园杂草，减少病虫为害。衰老茶树的行间深耕，还兼有更新茶树根系的作用。

茶园耕作需要根据茶园土壤类型、土壤性状、杂草生长等情况合理进行，才能达到耕作措施应用带来的茶园提质增效目的。根据茶园耕作的时间、目的及要求不同，有深耕、中耕和浅锄。

（1）中耕和浅锄。生产季节的耕作以中耕或浅锄为适，具体耕作次数从实际出发，根据茶园杂草发生多少、土壤板结程度及降雨情况确定，一般进行3~5次，其中，春茶前中耕、春茶后及夏茶后浅锄这3次耕作是必不可少的，且常结合施肥进行。春茶前中耕深度一般为10~15 cm，时间为以春茶开采前30 d左右为宜，这次茶园中耕要结合施催芽肥进行。春茶后的浅锄在春茶采摘结束后进行，深度一般在10 cm左右，可以施入追肥。夏茶后的浅锄是为了切断毛细管减少水分蒸发，消灭杂草，深度为7 cm左右，注意此次耕作要关注当时的天气状况，如持续高温干旱则不宜进行。

除了上述3次耕锄外，还应根据杂草发生情况增加1~2次浅锄，要抢在秋季杂草等植被开花之前彻底清除，减少第二年杂草发生量。幼龄茶园茶树覆盖度小，行间空隙大，杂草容易滋生，故耕锄的次数应比成年茶园多。

（2）深耕。深耕可以提高茶园土壤孔隙度，降低土壤容重，改善土壤结构，提高土壤肥力，但深耕对茶树根系损伤较大，易对茶树产量和茶树生长带来不利影响，因此要根据不同树龄茶园、不同种植方式和种植规格确定深耕的深度和方法。深耕一般是在茶季结束后，结合施基肥进行。

1）幼龄茶园的深耕结合施基肥进行，对于茶树种植前经过深垦的茶园，基肥沟深度在20 cm左右，注意第1年施基肥的部位要距离茶树根系远，随着茶树的长大，施基肥挖沟的部位与茶树的距离也应逐渐加大。成年茶园的深耕一般是在全年茶季基本结束时进行，深耕深度不超过30 cm，近根基处应逐渐浅锄，避免伤害茶树根系。衰老茶园的深耕应结合树冠更新进行，并要结合施用较多的有机肥。

2）不同种植方式和种植规格的茶园深耕时要区别对待。条栽茶园行间根系分布多，深耕要浅，尤其是多条栽的密植茶园，为减轻耕作对根系的伤害，生产上可隔1~2年深耕一次；丛播茶园行株间距大，深耕深度可以适当深一些，可达到25~30 cm，但要掌握丛边浅、行间深的原则。

75.茶树寒害、冻害的防御技术是什么？

寒害是指茶树在其生长发育期间遇到反常的低温而遭受的灾害，温度一般在0 ℃以上。冻害是指低空温度或土壤温度短时期下降至0 ℃以下，使茶树遭受伤害。越冬期低温和萌芽期寒潮是茶叶生产中面临的主要寒、冻灾害，不仅使茶叶产量降低，还对茶叶品质产生不利影响。茶树常见的冻害有霜冻、雪冻、风冻和冰冻。长江以北产茶区四种冻害均有发生。预防茶树冻害的有效措施有以下几种。

（1）选择和引种抗寒的茶树品种。提高茶树自身抗御低温的能力，是防止茶树冻害的根本途径，如我国大叶种茶树的抗寒力较弱，中、小叶种茶树抗寒力较强，引种茶树时应予以充分考虑。

（2）选择适宜的建园地点。避免在冷空气容易沉积的谷底、丘陵北坡及风口建立茶园。

（3）茶园覆盖。寒潮来临之前，用稻草、杂草、塑料薄膜、遮阳网等覆盖蓬面和茶行地面，以盖而不严、稀疏见叶为宜，促进茶园地温上升，减小茶园霜冻危害。江北茶区在气温上升到0 ℃以上时及时撤除覆盖物。

（4）茶园深耕培土。合理深耕，促使茶树细根向土壤下层伸展生长，增强茶园抗寒能力；在深耕的同时将泥土在茶树根部培高5~10 cm，可以保温防冻。

（5）茶园施肥。茶园基肥应以有机肥为主，适当配施磷、钾肥，施肥要做到早施、重施、深施。高纬度、高海拔地区处暑至白露施基肥较好，主要原因是该地区深秋初冬气温下降快，茶树生长停滞期比一般茶区早些，如推迟施基肥，会导致茶树断伤根系在当年难以恢复生长，加重茶树冻害发生。春、夏茶前追肥可在茶芽萌动时施入，促进茶树生长；秋季施肥应控制在立秋前后结束，不能过迟，否则秋梢生长期长，对茶树越冬不利。

（6）茶园灌溉。灌足越冬水，辅之行间铺草，是有效的抗冬旱防冻技术。在晚间或霜冻发生前的夜间进行灌溉，其防霜作用可连续保持2~3夜，温度平均可提高

2~3 ℃。

（7）修剪和采摘。在高山或严寒茶园采用低位修剪，控制修剪程度，可以增厚树冠绿叶层，减轻寒风的袭击。冬季和早春有严重冻害发生的地区，将修剪措施移至春季气温稳定回暖时或春茶后进行，一般茶区修剪时间应在茶树接近休眠期的初霜前进行。茶叶采摘要做到合理采摘，适时封园，可以减轻茶树冻害，如果秋茶采摘过迟，消耗养分量多，树体易受冻害。

（8）设立防风林带。在新开辟的茶园，有意识地保留部分原有林木，主干道和支干道两旁绿化植树，增设防护林带，可以有效防止茶树的冻害。

（9）熏烟、喷水和送风防冻。熏烟防冻是在冻害来临之前，当气温降至2 ℃左右时，在无雨晴朗的夜晚点燃干草、谷糠等使烟雾弥漫，减少夜间辐射散热，可有效预防茶园冻害。喷水结冰防冰是在低温时把水喷到茶树上使其结冰，结冰时释放出的热能，可使茶园小气候温度维持在冰点左右，从而使茶树免遭冻伤。送风防冻是在离地6.5 m处安装送风机，将逆转层上的暖空气吹至茶树采摘面，从而提高茶树周边的温度，达到防冻的目的。

76.茶树发生冻害后复壮措施有哪些?

在冬季严寒的极端气候下，茶树容易发生冻害，从而影响茶树的生长和茶园产量。茶树遭受冻害时要及时采取相应的补救措施使茶树尽快恢复生长，减轻冻害造成的损失。

（1）及时修剪。茶树受冻后部分枝叶失去了活力，必须进行修剪使其重新萌发新枝，培育骨架和采摘面。修剪方法应根据茶树受冻程度轻重不同而不同。当大部分茶树受害枝叶仅为茶树采摘面上3～5 cm时，宜采用轻修剪；骨干枝已受到损害时，宜采用重修剪；受害极重，地上部枝叶已失去活力的宜采用台刈。修剪时间以早春气温稳定回升后进行为宜，以防止遭受“倒春寒”袭击。

（2）合理施肥。受冻害茶园要加强施肥管理，使茶树重新萌发新的枝梢，尽快恢复树势。在茶树越冬芽开始萌发后应采用多次、勤施的方法追施速效性氮肥，促进茶芽萌发生长，增施磷、钾肥，增强枝条生长能力，在茶芽1叶展开时，可以喷施叶面肥，有利于促进茶树新梢生长。

（3）培养树冠。为培育茶树良好树冠，遭受冻害后经过轻修剪的茶树，春茶采摘应留1片大叶，夏、秋茶则按常规采摘，经过重修剪或台刈的茶树以养为主。

77.茶园发生旱害后的补救措施有哪些?

茶树因水分不足时生长发育受到抑制或死亡，称为旱害。茶树旱害的主要症状是叶片变色、枯焦、脱落，枝条干枯甚至整株茶树死亡，高温干旱等极端天气严重影响茶树的正常生长以及茶叶的产量和品质。为减少旱害对茶树生长的影响，稳定茶叶生产，减轻茶园的损失，要采取一定的抗旱及补救措施。

（1）抗旱措施。

1）茶园灌溉。茶树缺水，应抓紧时间供水，以确保高温干旱季节茶树的正常生长，根据茶园灌溉条件采用喷灌、滴灌、浇灌等灌溉方法进行抗旱，在夏季高温季节宜在清晨或傍晚进行灌溉。对新栽幼苗、苗圃地茶苗灌溉时务必灌足浇透（图5–3）。

2）茶园铺草、遮阴。利用作物秸秆、稻草、绿肥、薄膜等材料尽可能把茶园裸露地表全覆盖，能有效减弱水分的蒸发，保持土壤湿度，可以避免茶树由于失水过多导致生长受限。茶树苗圃应采用遮阳网覆盖遮阴，遮挡太阳辐射，达到保墒保苗等效果。

图5–3　茶园抗旱

3）根外追肥。茶园根外追肥可以补充茶树生长养分，促进茶树根系生长，提高茶树的抗旱能力。适当增施腐熟稀薄的人粪尿，也可用0.3%~0.5%的尿素或磷酸二氢钾水溶液进行根外追肥，能提高茶树的吸水能力与抗旱能力，特别是幼龄茶园，干旱季节适当施肥尤其重要。夏季气温高，光照强烈，水分蒸发快，根外追肥浓度宜低，农药用量宜少，以免灼伤茶树。选择在阴天或晴天的早晨和傍晚进行根外追肥效果最佳。

（2）旱情缓解后的补救措施。

1）及时修剪。旱害严重，蓬面有枯枝的茶园，在高温干旱天气缓解后要及时修剪，剪掉枯黄或干焦的枝叶，以减少水分蒸发和坏死组织向下蔓延。

2）合理施肥。土壤旱情基本缓解并修剪后要及时补充茶树养分，促使茶树尽快恢复生长，可亩施30～50 kg复合肥。如此时进入9月下旬，可以与秋、冬季基肥一起施用，可亩施200～250 kg的饼肥。

3）防治病虫害。茶树遭受旱害后树势较弱，抗逆性差，易遭小贯小绿叶蝉、茶尺蠖、茶毛虫等的为害，加重旱害的程度，因此，要加强茶园病虫害监测预报，及时防治病虫害。

78.茶园湿害发生类型及预防措施有哪些?

茶树是喜湿怕淹的作物，其根系需要疏松透气、肥沃湿润的土壤环境才能生长健壮。在茶园排水不良、地下水位过高、连续阴雨的条件下，导致土壤水分过多，土壤氧气严重供给不足，茶树根系因窒息而对茶树生长造成危害，即产生“湿害”。茶树遭受湿害后，根系会受到伤害，丧失吸收能力，逐渐影响茶树地上部分生长，茶树表现为嫩叶变黄，接着芽尖萎缩，最后成叶凋萎脱落，甚至整个植株停止生长。完善茶园排水沟系统是防止茶树积水的重要手段，要根据茶园湿害的原因采取相应的措施，以降低地下水位或缩短径流在茶园低洼的滞留时间。

（1）积水型湿害茶园：这类茶园主要是因茶园土壤一定深度的土层内有坚硬不透水塥土层，开垦深度不足造成不同程度的临时性积水，容易造成危害。常见于低丘红壤、黏重黄棕壤土茶园或原为水稻地和山塘地的茶园，预防措施是建园时要进行全面土壤深垦破塥，在茶园积水部位的最低处开沟排水，防止茶园渍水。

（2）地表径流型湿害茶园：这类茶园主要是由于地势低，雨后雨水通过地表径流从四面八方向茶园汇集，形成临时性积水，结果使茶树根系遭受湿害，预防措施是在茶园上方修建截水深沟，阻断地表径流水进入。

（3）地下水型湿害茶园：这类茶园由于地势低，地下水位高，下雨后茶园地下水位升高影响根系生长，预防措施是在茶园四周及中间建排水沟，沟深80 cm以上，降低茶园地下水位。

79.影响茶园安全生产的主要原因有哪些?

实现茶园安全生产是获得绿色安全茶产品的根本保证。影响茶园安全生产的原因主要有大气污染、土壤污染、农药污染和化肥污染等。

（1）大气污染：大气中常见的气体污染物有二氧化硫、氟化氢、氮氧化物、氯气、臭氧、碳氢化合物等。大气污染物来源包括工业污染源、交通运输污染源、生活污染源和农业生产污染源。工业污染源大部分是煤炭、石油等燃烧排放的烟尘，二氧化硫、一氧化碳以及各种有机化合物气体；交通运输污染源是由现代交通工具尾气排放带来的；生活污染源主要是人类生活活动中不断向大气排放的污染物；农业生产污染源是指农业生产中使用的化肥、农药等物质造成的大气污染。

（2）土壤污染：茶园土壤主要污染物来源有水污染、大气污染、农业生产污染和固体废弃物污染等。水污染是指茶园使用工业废水或其他污水进行灌溉、喷洒茶园，使污染物渗入茶园土壤；大气污染包括空气中的各种颗粒物沉降到地面而溶于土壤，二氧化硫等废气随水进入土壤，污染茶园土壤；农业生产污染是指茶园不合理使用化肥、农药而污染土壤；固体废弃物污染主要是污泥、垃圾、矿渣等进入茶园污染土壤。

（3）农药污染：农药污染主要指化学农药，一般是指用于防治病、虫、草害有害生物（含卫生害虫），以及调节植物生长的药物等导致的茶园污染。影响茶叶农药残留的间接途径主要有3个：一是茶树从土壤中吸收农药；二是在茶园中使用了受污染的水；三是空气漂移。

（4）化肥污染：化肥污染表现在茶园大量施用化肥，茶树吸收了肥料中混杂的有害成分而储存在茶叶中；茶园长期施用化肥，茶园有机质减少使地力下降和土壤性质发生变化而影响了茶叶质量；特别是施用的氮肥在土壤中渗入地下水或流入河塘，造成水体污染、有害微生物和夹杂物的污染。

80.茶园污染源的控制方法是什么?

要实现茶叶绿色生产，应严格控制和消除茶叶污染，进行综合治理，主要控制方法有以下几个方面。

（1）防治与控制大气污染。通过在茶园种植防护林和行道树将茶园与工厂隔离开以净化空气，在茶园周围的工厂应加高烟囱，以减轻排烟造成的大气污染对茶园的影响。

（2）治理茶园土壤污染。一方面去除茶园土壤中的重金属，另一方面改变土壤中重金属存在的形态，以降低其活性。

（3）控制茶叶中的农药残留。一是利用微生物降解和土壤漫灌消除DDT残留；二是利用添加物以减少茶园土壤中的农药残留；三是在茶园种植吸附性强的植物；四是利用紫外线的光解作用。

（4）控制化肥和有害微生物等的污染。严格选择肥料种类，避免将存在污染的化学肥料施入茶园；按照食品生产的卫生要求选择生产过程中各环节所用材料、器具，改善茶叶生产场所的卫生条件与机具的卫生质量，严格遵守茶厂卫生管理制度等。

81.茶园土壤污染的治理方法有哪几种?

（1）生物措施。利用土壤微生物对重金属的吸收沉淀作用、氧化作用和还原作用，降低或消除重金属污染。

（2）农业工程措施。具体措施有增施促还原有机肥；合理施用磷酸盐化肥；适当施用石灰性物质，施用石灰硫黄合剂、 硫化钠等含硫物质，使土壤重金属生成硫化物沉淀，加抑制剂、吸附剂；利用无毒阳离子拮抗重金属；翻耕客土或换土。

82.茶园间作物品种选择时应注意什么?

茶园间作是指在同一茶园内，以茶为主，利用茶树行间或丛（株）间空隙种植一种或一种以上其他作物的种植方式。要求茶园间作物不能与茶树争夺水分、养分；能更好地抑制茶园杂草生长；能在土壤中积累较多的营养物质，并对形成土壤团粒结构有利；作物生长期短，与茶树无共同病虫害，适宜在酸性土壤生长的植物。

83.茶园间作的主要模式有哪几种?

（1）茶–草（药）套作。在茶树行间或丛（株）间套作适量的绿肥（牧草）或药材等，在茶园四周空闲地种植黑麦草、皇竹草可为畜禽提供优质饲料。本模式主要在幼龄茶园或树冠覆盖率较低的成年茶园使用。

（2）茶–果（花）间作。在茶园行间、路旁间作果树和花木。茶园间作的主要品种有板栗、樱桃、桃、柿子、木瓜、猕猴桃、枇杷、石榴、乌桕、桂花等。间作密度要确保茶树70%左右的光照。

（3）茶–禽（鸡）共生。利用茶园空隙地养鸡等禽类， 可以增加茶园有机肥，疏松土壤，减少茶园病虫草害。本模式适宜在成年茶园推行。

（4）猪（羊）–沼–茶复合。养猪并建沼气池，用沼液、沼渣当茶园肥料，实现了茶园长年不施化肥、不打农药的目标。

除上述生态模式外，还可以采用茶–油（油菜、花生）、茶–桑、茶–薯（马铃薯、山芋、魔芋）、茶–棉等模式。

84.茶园间作绿肥（牧草）有什么好处?

（1）提高茶园土壤肥力。绿肥多数为豆科作物，不仅具有固氮作用而且本身含氮量高，绿肥经过埋青后进入茶园土壤中，可以增加土壤的有机质及氮、磷、钾等有效养分含量，提高茶叶产量和品质。

（2）防止茶园水土流失。间作绿肥之后由于绿肥的覆盖作用，减少了茶园裸露部分，降低了地表径流速度，大大减少了雨水对土壤的冲刷，减少了水土流失。

（3）增强茶树对不良环境的抵抗能力。幼龄茶园间作绿肥后，在炎热的夏天能起到遮阴、降温和改善茶园小气候的作用，有效地防止茶苗遭受高温、强光的危害，提高了茶苗成活率；在冬季可以提高地温，减轻寒风侵袭，提高茶苗成活率。

85.茶园绿肥（牧草）有哪些种类？

适合茶园种植的绿肥品种有很多，按其播种期、生长期的不同，可以分为春播夏季绿肥、秋播冬季绿肥和多年生绿肥等几种。

（1）茶园春播夏季绿肥作物。

1）落花生：又称花生、地果子。豆科落花生属1年生草本植物，油料作物，其抗旱能力强，适宜栽种于砂性土壤，在山东、安徽、河南等省茶园间作较多，间作的花生品种较多，以栽伏花生为最好，其株型矮小，呈铺地型生长，保土、保水性能强，在春季干旱的江北茶区间作更为适宜。

2）大豆：又称毛豆、黄豆。豆科大豆属1年生草本植物，经济价值高，在茶园作为绿肥间作较多，植株叶片肥厚，养分含量丰富，埋青后分解快，作为茶园绿肥效果好。

3）豇豆：又称红豆、饭豆，豆科豇豆属1年生草本植物，适宜长江中下游广大地区种植。喜温暖湿润气候，在20 ℃以上温度生长迅速。豇豆生长期短，在浙江、江西、湖南等省一年可种两季，耐旱性强，是茶园较好的夏季绿肥作物。

4）大猪屎豆：又称大叶猪屎豆，豆科猪屎豆属1年生或多年生灌木状草本植物，耐旱、耐瘠性强，再生能力强，一年可刈割多次，产量高，是茶园理想的夏季先锋作物。

5）菽麻：豆科猪屎豆属1年生草本植物，株型直立，喜温暖湿润气候，适宜生长温度为20~30 ℃。耐旱又耐涝，但茎叶比较大，茎秆木质化程度高，肥效不如大叶猪屎豆，同时因其株型高大，容易影响茶树的生长，因此种植时应适当减小密度，它可作幼龄茶园遮阴物，但作为种茶前的先锋作物较多。

6）短豇豆：又称眉豆，豆科豇豆属1年生草本植物，比较耐贫瘠，植株矮小，但因产量低，常有藤蔓缠绕茶树，种植后期需要及时清理藤蔓，以免影响茶树生长。

7）绿豆。豆科豇豆属1年生草本植物，是粮肥兼用的豆类作物，喜温暖湿润气候。可作茶园绿肥的绿豆，有小绿豆和大绿豆两种，小绿豆植株矮小，生长期短，产量低，抗逆性差，适宜于台刈改造后第一、二年的茶园间作，在长江中下游地区种植较普遍。大绿豆植株高大，半匍匐型，生长期长，产量高，为避免生长过旺而影响茶树生长需要及时刈割。

（2）茶园秋播冬季绿肥作物。

1）紫云英：又称红花草籽，豆科黄芪属1年生或2年生草本植物。紫云英喜凉爽气候，适宜在水分条件优越、肥力水平较高的幼龄茶园中栽培。最适生长温度为15~20 ℃，1月平均气温不低于0 ℃，最低温度不低于−15 ℃的地区茶园间作，一般都可以获得较好的效果。

2）南苜蓿：又称金花菜、黄花草子，豆科苜蓿属1年生或2年生草本植物，适宜在排水良好的茶园种植，耐寒性比紫云英差，抗旱性较紫云英强，对肥水要求较紫云英低，容易种植。

3）苕子：豆科野豌豆属1年生或2年生缠绕草本植物，温度10~17 ℃时生长迅速，抗旱、抗寒，耐瘠性强，适应性广，适宜在肥力和水、热条件较差的茶园间作。生长期间有藤蔓缠绕茶树，如不及时清理会影响茶树生长，因此间作苕子后必须加强茶园清理，及时埋青。

4）蚕豆：又称胡豆、罗汉豆，豆科野豌豆属1年生或2年生草本植物，是一种优良的粮、菜、肥兼用作物，适宜在气温较高、水分较多的茶区种植，它耐寒、耐旱性较差，因此不宜在新开垦的肥力低的幼龄茶园间种。

5）豌豆：又称荷兰豆、麦豆等，豆科豌豆属1年生草本植物，是粮、菜、肥兼用作物。除山东省外，全国各茶区都有种植，有白花豌豆和紫花豌豆两个品种。白花豌豆为早熟品种，产量低；紫花豌豆为迟熟品种，分枝多，产量高。豌豆适宜冷凉而湿润的气候，种子在4 ℃左右即可萌芽，能耐−4~−8 ℃低温，耐旱、耐瘠、耐酸能力强，是茶园较好的冬季绿肥作物。

6）肥田萝卜：俗称满园花、茹菜，十字花科萝卜属1年生或2年生直立草本植物，喜凉爽气候，当气温4 ℃时，即可发芽生长，最适生长温度15~20 ℃。它耐旱、耐瘠薄力强，对土壤要求不严格，吸收磷能力强，产量高，不仅是茶树种植前较好的先锋作物，还可作幼龄茶园的间作绿肥植物。

7）救荒野豌豆：又名大巢菜、野豌豆，豆科野豌豆属1年生或2年生草本植物，生长势强，主根明显，根瘤多，茎叶丰盛，产量高，具有耐旱、耐寒、耐瘠薄的特点，适应性也较广。喜凉爽湿润气候，在短期−10 ℃低温下可以越冬。由于它呈半匍匐状，因而保土保水性较好。目前，在我国各茶区都有间作。但是花果期其植株和种子是有毒的，人、畜食用过量有中毒现象，注意禁止食用。

（3）茶园多年生绿肥作物。多年生绿肥作物有爬地兰、紫穗槐、木豆等，其中紫穗槐系多年生优良绿肥，在我国江北产茶区种植较多，耐旱、耐瘠薄，产量高，养分含量丰富，固土力强，耐低温。

86.如何选择茶园绿肥（牧草）品种？

根据茶园种类、土壤特性、气候条件、茶树品种、种植方式以及茶树树龄等因地制宜地选择适宜的绿肥品种。

（1）对土层贫乏的新茶园，在开拓前一般宜栽种耐酸性耐瘠薄的高秆夏绿肥，如大叶猪屎豆、菽麻、田菁、决明、羽扇豆等作为先锋作物改良土壤。山坡地、丘陵地的山地茶园或梯级茶园，宜选择多年生植物，如紫穗槐等。

（2）针对茶园缺氮问题，宜选择固氮能力强、含氮高的豆科作物；针对虫害较多的茶园可以选择对虫害有驱避作用的非豆科作物；若茶园土壤层为酸性土，宜选择耐碱性的绿色植物作为茶园绿肥。

（3）北方茶区宜选择耐低温、耐干旱的绿肥种类，如毛叶苕子、扁豆；在长江中下游茶区，由于气候温暖，降水充足，适合作茶园绿肥的种类多，可以选择紫云英、金花菜、大豆、苕子、肥田萝卜、赤小豆等；在西北高原茶区，因为春、冬湿冷少雨，冬季绿肥宜选择毛叶苕子，夏季绿肥宜选择大叶猪屎豆和菽麻。

（4） 1~2年生中、小叶种幼龄茶园，宜选择矮生匍匐型绿肥，如小绿豆、伏花生、矮生大豆等；2~3年生茶园宜选择早熟、速生的绿肥品种，如乌豇豆、黑毛豆和饭豆等。针对台刈更新改造的老茶园，可以选择成长期短的速生绿肥品种，如乌豇豆。

87.茶园种植绿肥（牧草）的关键技术是什么？

（1）适时播种。茶园秋播冬季绿肥一般在9月下旬至10月上旬播种，春播夏季绿肥一般在4月上中旬播种。

（2）合理密植。条栽茶园夏季绿肥宜采用“1、2、3对应3、2、1”的间作模式，即1年生茶园可以间作3行绿肥，2年生茶园间作1~2行绿肥，3年生以上茶园如果封行不用间作绿肥。秋播冬季绿肥，因茶树与绿肥间矛盾少，可适当密播。

（3）根瘤菌接种。新开垦的或换种改植的有机茶园，为了提高绿肥产量及固氮能力，可以接种相应的根瘤菌。

（4）增施磷肥。在豆科绿肥播种时或苗期可以增施钙、镁、磷肥或磷矿粉肥，能促进绿肥作物生长，进而增强根瘤的固氮能力，提高绿肥产量和含氮水平，增加土壤氮素营养。

（5）及时收割掩埋，避免茶肥矛盾。一般在绿肥处于上花下荚时割埋最好，同时为了增加经济效益可以适当采收部分豆荚后翻埋。

（6）充分利用零星地块广辟肥源。利用路边、沟边、水库、堰塘四周等不宜种植茶树的区域种植绿肥，绿肥应以多年生耐刈青的高秆绿肥为主。

88.茶园地面覆盖形式有哪几种?

茶园地面覆盖是一种具有保水、保肥、保土、防治杂草效果的综合性茶园管理措施，主要有生物覆盖和人工覆盖2种形式。

（1）生物覆盖是利用生草（生物）栽培，对生草在其生长期间进行多次刈割，铺盖在茶树行间和根部（图5-4）。生物覆盖是茶园间作的一种，特指茶-绿肥类的间作，在幼龄茶园中使用效果好。

（2）人工覆盖因采用的覆盖材料不同，常见的有在茶园行间覆盖地膜（图5-5）、覆盖防草布（图5-6）。

图5-4　茶园行间铺草

图5-5　茶园行间覆盖地膜

图5-6　茶园行间覆盖防草布

89.茶园地面不同覆盖形式有哪些优缺点?

（1）优点：茶园地面覆盖能有效抑制杂草生长，减少水分蒸发，提高土壤含水量；防止雨水将肥料冲刷流失，以提高土壤肥力；能阻止很多在茶园土壤中越冬的害虫出土，减轻病虫害的发生，对促进茶树生长和提高茶叶的产量和品质具有重要作用。茶园行间铺草方法简单易行，不受气候、地域限制，平地和梯级茶园铺草后加土块适当固定、镇压即可。茶园覆盖地膜密封性好，可以保持土壤水分，调节土壤温度，在早春有利于越冬芽提早发芽，冬季有利于预防茶园冻害。防草布具有一定的透气性和透水性，当降雨较小或者露水天气时，少量的水分可以通过缝隙进入到土壤中，当强降雨后，土壤中多余的水分能及时散发出去，因此防草布对茶园的水分管理具有更好的作用。

（2）缺点：茶园铺草容易将病菌、害虫和草种带入茶园，加重茶园病虫及杂草为害，因此茶园行间铺草之前应进行暴晒处理、堆腐处理、石灰处理等将病菌、病虫及草籽杀死。茶园覆盖地膜透气性差，透水性不足，浇水不方便，地膜易碎易烂，夏季覆盖地膜会导致地温升高对茶树带来伤害，同时地膜不可降解，容易造成土壤污染。由于盖膜后有机质分解快，作物利用率高，肥料补充得少，使土地肥力下降，因此在旱沙地、贫瘠土地、重黏质土地上，不宜采用地膜覆盖栽培，覆盖防草布成本会适当增加。

90.茶园主要杂草种类有哪些?

茶园杂草种类很多，在我国各产茶区不尽相同，杂草种类与开垦前原有的植被种类有密切关系，但主要的种类以禾本科和菊科两类杂草最为常见，此外还有蓼科、石竹科、莎草科、玄参科、马齿苋科、豆科等。其中发生最为普遍和为害最严重的有马唐、狗尾草、狗牙根、水花生、辣蓼、白茅等。

在不同季节茶园中杂草种类有明显的变化，春季茶园常见的有荠菜、牛繁缕、看麦娘、紫花地丁等，夏季常见的有狗尾草、马唐、鸡眼草、艾蒿、马齿苋等。新开垦的幼龄茶园由于茶苗小，茶树覆盖度低，行间地面光照充足，杂草发生量大，茶园投产后，茶树覆盖度加大，杂草发生量相对减少。在茶园比较潮湿的地方，以香附子、水花生、酢浆草等为主。

91.茶园杂草的绿色防控技术是什么?

杂草对茶园的为害很大，它不仅与茶树争肥争水，还容易助长病虫害滋生蔓延，导致茶园减产和降低茶叶品质，因此要及时清理茶园杂草，减轻杂草对茶树的竞争和干扰。为避免化学除草剂使用造成环境污染、茶叶质量安全风险等问题，要采取茶园杂草绿色防控。茶园绿色控草是指不依赖化学手段，合理采用生态或农艺等措施控制茶园杂草的生长和为害。茶园杂草绿色防控技术主要有以下几种。

（1）人工或机械除草：是利用人工拔除、锄草、割草或浅耕等方式，以及利用农业机械设备进行除草。对宿根性多年生杂草及顽固性蕨根等杂草，采用人工清除杂草的根块、根茎，可以在新开辟茶园或老茶园换种时，深翻土壤60~80 cm，将表土和茶园杂草翻至底层，彻底清除其根茎。

（2）覆盖抑草：在茶苗种植行上覆盖各种覆盖物可以有效地阻挡光照，其下的杂草会因缺乏光照而黄化枯死，从而使茶树行间杂草发生的数量大大减少。

1）防草布覆盖。在幼龄茶园和未封行的茶园，沿茶树种植行茶苗两边覆盖防草布至基部，可以抑制杂草的萌芽和生长，保水保墒，有利于茶树生长。

2）覆盖草、修剪下的枝叶和作物秸秆等植物源材料，要求覆盖材料没有受到有害或有毒物质的污染，一般来说茶园铺草越厚减少杂草发生的作用就越大。注意茶园行间铺设的草料不能带草籽。

（3）间作绿肥控草：是现在茶园常用的控草方式，幼龄茶园和经过重修剪、台刈的茶园，茶树行间空间较大，可以适当间作绿肥，增加茶园行间的绿色覆盖度，减少土壤裸露，缩小杂草生长空间。绿肥的种类可根据茶园类型、生长季节进行选择。

（4）植食性动物控草：通过在茶园中放养鸡、旱鸭、鹅等食草动物，利用它们踩踏、取食杂草来控制茶园杂草数量。动物控草不仅可以有效防治茶园杂草，动物粪便还可以增加茶园土壤有机质，同时出售动物也可以获得额外的收入，是一种安全有效且经济效益高的茶园控草方式。

第六章　茶园绿色高效施肥

92.茶树的需肥特性是什么？

茶树对肥料的需要有一定的特点，一年中有明显的需肥阶段，其需肥特性主要表现在以下四个方面。

（1）需肥的连续性：茶树大部分时期都在进行芽叶采摘，在一年四季的每个生育阶段从不间断地进行新陈代谢活动，并不断地消耗养分，茶树体内营养条件好坏，不仅影响当年产量、品质，而且还会影响翌年的茶叶产量和品质，因此，茶树对养分的需求是持续不断的，具有连续性。

（2）需肥的阶段性：茶树在自身发育的不同阶段，对养分的吸收不仅数量上有区别，而且种类也存在差异。幼龄茶树施肥的目的是培养庞大的根系和健壮的骨干枝，增加侧枝密度，扩大树冠覆盖度，一般要进行三次定型修剪，要增施磷、钾肥；成年茶树由于营养生长和生殖生长同时进行，需要增施氮肥以促进茶树芽叶大量萌发，配施磷、钾和多种元素以促进茶叶高产优质。

（3）需肥的集中性：在茶树年发育时期，由于季节变化和茶树本身的生理活动现象而形成了生长旺盛期与生长相对休止期，成年茶树在生长旺盛期与每轮幼嫩芽叶被采摘后，为了满足自身正常生长需要和补充因采摘带来的营养消耗，需要大量的肥料，以氮肥的需要量最多，其次为磷、钾肥。

（4）需肥的适应性：茶树对营养元素需求上的多样性，以氮、磷、钾为主，锰、铁、锌、硼、铝、铜微量元素对茶树的正常生理活动也有很大影响，缺乏哪一种元素都会使茶树的正常新陈代谢受到干扰和破坏，影响茶叶的产量和品质；另外，由于茶树的耐肥力强，耐瘠薄的能力也强，因此茶树对营养具有较大的适应性。

93.优质高产茶园土壤肥力指标包括哪些内容？

土壤是茶树生长的基础，茶树生长的好坏直接取决于土壤条件。优质高产除了土壤养分含量丰富外，还需要其他方面条件配合，主要包括以下几方面。

（1）物理性质指标：茶园土层深厚应在1 m以上，剖面构型合理，砂质壤土，土质疏松透气性良好，持水保水能力强，渗水性能好等。

（2）化学性质指标：茶园土壤pH值4.5~6.5，含有丰富的有机质和营养成分，保肥能力强，有良好的缓冲性等。

（3）生物学指标：茶园土壤生物学指标包括土壤微生物种类及数量多，土壤酶活性强，有益微生物数量、蚯蚓数量多等。

（4）土壤健康指标：主要指土壤有害重金属及农药残留的含量低，以及一些有益元素的含量如硒等的含量高。

上述4种指标中茶园土壤环境质量标准是强制性的指标，其中有害重金属含量必须符合规定标准的要求，物理、化学和生物学指标都是参考性指标。在可持续发展的优质高产茶园土壤管理过程中，要随时对土壤的理化性质和生物学特性进行定期监测，根据监测结果调整茶园土壤管理措施，不断提高土壤的各项肥力指标，改善茶叶品质和提高茶叶产量，增加茶叶的生产效益。

94.茶园高效施肥的基本原则是什么?

茶园高效施肥的目的是充分提高肥料养分的利用率和施肥效果，维护和改善茶园生态环境，实现茶叶生产健康持续发展，因此，茶园施肥要做到“一深、二早、三多、四平衡、五配套”。

（1）“一深”：是指土壤肥料要适当深施，有利于促进茶树根系向土壤的纵深方向发展。茶树种植前施底肥的深度至少在30 cm以上； 基肥达到20 cm左右；追肥也要在5~10 cm。不要撒施，否则遇大雨天气会将肥料冲失，遇干旱天气造成大量氮素的挥发而损失，还会诱导茶树根系集中在表层土壤，从而降低茶树抗旱和抗寒等自然灾害的能力。

（2）“二早”：进入秋、冬季后，茶树地上部分逐渐进入休眠状态，地下根系开始生长，随着气温降低茶树根系生长减缓，早施基肥可以促进茶树根系对养分的吸收。因此，长江中下游茶区在9月中旬至10月底施基肥，江北茶区在8月下旬至10月上旬施基肥，南方茶区则在9月下旬至11月上旬施基肥。为提高肥料对春茶的贡献率，应早施催芽肥，茶园催芽肥要求在春茶开采期前30 d左右施入。

（3）“三多”：使用的肥料种类要多，不仅要施有机肥，而且要施氮、磷、钾大量元素和镁、铜、锌等中微量元素肥料等，以满足茶树对各种养分的需要和提高茶园的土壤肥力水平。肥料的用量要适当，每亩施氮量控制在20~30 kg，每次化学氮肥的施用量（以纯氮计）不得超过15 kg。施肥的次数做到“一基三追十次喷”，对于采摘大宗茶为主的机采茶园，每次采摘后应该施一次肥，以满足茶树对养分的持续需求。

（4）“四平衡”：茶园施肥必须合理，做到平衡施肥。

1）有机肥和无机肥平衡。既满足茶树生长的需要，又改善茶园土壤性质。基肥以有机肥为主，追肥以化肥为主。

2）氮、磷、钾大量元素与中微量元素的平衡。茶树是叶用作物，需氮量较高，同时也需要磷、钾、钙、镁、硫、铜和锌等其他的养分，只有平衡施肥才能发挥各种养分的作用。要求氮、磷、钾的比例在2∶1∶1至4∶1∶1之间。

3）基肥和追肥平衡。要重施基肥，以满足茶树入冬后根系活动所需要的营养，为翌年茶芽萌发提供养分，提高春茶产量和品质，但是茶树生长和养分吸收是持续不断的，只有基肥与追肥平衡才能满足茶树年生长周期对养分的需求。一般要求茶园基肥施用量占年总施肥量的40%，追肥占60%。

4）根部施肥与叶面施肥平衡。在茶园根部施肥的基础上配施叶面肥，充分提高肥料效果。

（5）“五配套”：茶园施肥要与其他技术配合进行，以充分发挥施肥的效果。

1）施肥与土壤测试和植物分析相配套。根据对茶园土壤和茶树植株的分析结果，制订正确的施肥和土壤改良计划。一般每2年需要对茶园土壤肥力水平进行一次监测，充分了解茶园土壤肥力水平的变化趋势，可以有针对性地调整茶园施肥方案。

2）施肥与茶树品种相配套。不同茶树品种对养分的要求有明显的“个性特点”，如茶树品种龙井43生长期需要较高的氮、磷和钾施用量，而碧云则相反，耐肥性差，高香品种龙井长叶对钾的要求较高，因此，为了充分发挥茶树良种的优势，茶园施肥时要根据茶树品种的特点进行施肥。

3）施肥与天气和肥料种类相配套。茶园施肥要根据肥料种类采用不同的施肥方式，可以提高肥料效果，如尿素、硫酸铵等氮肥在土壤中溶解快，容易转化为硝态氮，而硝态氮又不是茶树喜欢的氮素来源，又易渗漏而损失，因此，茶园施氮肥时不能一次性施用过多，以每亩每次不超过15 kg为宜。磷肥在土壤中极易吸附固定，采用集中深施方法有利于提高磷肥利用率。

4）施肥与土壤耕作和茶树采剪相配套。如施基肥与茶园深耕改土相配套，施追肥与锄草结合进行；采摘名优茶为主的茶园应适当早施肥料，采摘红茶的茶园宜适当多施钾肥和铜肥，幼龄茶园和重修剪、台刈改造的茶园应考虑多施磷、钾肥。

5）施肥与病虫防治相配套。茶园肥水充足，茶树生长快，新梢嫩，容易引发病虫为害，要注意及时防治；对于病虫为害严重的茶园，要多施钾肥，并与其他养分平衡协调，可以提高茶树抗病虫害的能力，减少病虫害的发生。

95.茶园施肥技术有哪几种？

茶园施肥技术是指如何合理施肥，主要包括施肥时期与施用的技术。根据茶树的生育特性和需肥特性，茶树种植前后及在不同的生长时期，茶园施肥分为施底肥、基肥、追肥和叶面肥等四种。

（1）施底肥：底肥是指开辟新茶园或改种换植时施入的肥料，其主要作用是改善茶园土壤结构，提高土壤肥力，诱导茶园的根系向深层延伸，为茶树生长发育创造良好的土壤条件。茶园施入的底肥可以选用堆肥、厩肥、饼肥等有机肥，可以配施过磷酸钙或钙、镁、磷肥，有机肥使用前应经过无害化处理。各地在种植前施底肥的用量差异很大，每亩施有机肥1 000~3 000 kg，磷肥20~200 kg不等，大多丰产茶园，每亩施用有机肥2 500 kg，磷肥100 kg。底肥开沟深施，沟深30 cm以上。

（2）施基肥：基肥是指在当年茶树停止采摘后施入的肥料，其作用是为了补充因采摘茶叶带走的养分，保证茶树入冬时根系活动所需要的营养物质，为翌年越冬芽萌发提供养分，提高翌年春茶产量和品质。基肥施用在茶树地上部分停止生长时即可进行，宜早不宜迟。

茶园基肥以饼肥、堆肥和厩肥等有机肥为主，再掺入一些无机化肥。基肥施肥量依树龄、茶园的生产力及肥料种类而定，土壤肥力低、性质差的多施，产量高、施肥效益好的多施。一般3年生的幼龄茶园每亩施菜籽饼肥100 kg+过磷酸钙15 kg+硫酸钾10 kg；成年采摘茶园每亩施堆肥1 500~2 500 kg或菜籽饼肥100 ~ 200 kg+过磷酸钙25 kg+硫酸钾15 kg，再加上全年用量30% ~ 40%的氮肥，或复合肥（茶叶专用叶肥）50~100 kg，而磷肥和微量元素肥料可全部作基肥施用，钾、镁肥等在用量不大时可作基肥一次施入，用量大时，一部分作基肥，一部分作追肥。茶园施基肥时要在距离茶苗根颈10~15 cm处开深20 cm左右的施肥沟施入，施肥后要立即覆土。

（3）施追肥：追肥指在茶树地上部分生长期间施用的速效性肥料，其作用是不断补充茶树营养，促进当年茶树新梢生长，提高茶叶产量和品质。茶树追肥施用适宜的时间为每轮茶树新梢伸展间隙期间。一般茶园每年追肥3次，按春茶前、春茶后和夏茶后4∶3∶3的用量比施入。春季追肥（即催芽肥）在采春茶前30 d左右施入，夏季追肥在春茶结束后（5月上中旬）施入，秋季追肥在夏茶结束后施入，注意秋季追肥避开“伏旱”时施用。追肥以速效肥料为主，必要时适当配施磷、钾肥和其他元素肥料。为了提高氮肥的利用率，降低施肥对茶树环境的影响，每亩茶园一般单次氮肥的施用量不超过15 kg，磷、钾肥在施催芽肥时施入。

（4）施叶面肥：是利用液体肥料喷洒于茶树叶片上的一种追肥方法，又叫根外施肥，这种方法不受土壤对养分淋溶、固定、转化等因素的影响，肥料利用率高，见效快。微量元素及植物生长调节剂的叶面肥应严格按照推荐使用剂量喷施，在茶树芽初展时喷施较好。大量元素每7~10 d喷洒一次。施叶面肥应在傍晚无风的时候进行，均匀喷施在茶树叶片的正反面。

96.绿色食品茶园允许使用的肥料种类有哪些？

绿色食品茶叶生产可使用的肥料应按照《绿色食品　肥料使用准则》（NY/T 394—2023）执行，A级绿色食品茶园可使用下面（1）~（6）规定的肥料，AA级绿色食品茶园可使用下面规定的农家肥料、有机肥料、微生物肥料，不应使用化学合成肥料。绿色食品茶叶生产施肥种类如下。

（1）农家肥料：在农业生产过程中就地取材，利用各种植物残茬、动物粪便等有机物料堆沤腐熟而成的肥料。

（2）有机肥料：主要来源于植物和（或）动物，经过发酵腐熟的含碳有机物料，其功能是改善土壤肥力、提供植物营养、提高作物品质。

（3）无机肥料：由提取、物理和（或）化学工业方法制成的，标明养分呈无机盐形式的肥料。

（4）有机无机复混肥料：含有一定量有机肥料的复混肥料。

（5）微生物肥料：含有特定微生物活体的制品，应用于农业生产，通过其中所含微生物的生命活动，增加植物养分的供应量或促进植物生长，提高产量，改善农产品品质及农业生态环境。

（6）水溶肥料：经水溶解或稀释，用于灌溉施肥、叶面施肥、无土栽培、浸种蘸根等用途的液体或固体肥料。

97.有机茶园允许使用的肥料种类有哪些？

有机茶园施肥以有机肥为主，辅以矿物源肥料、微量元素和微生物肥料。有机肥料指经无害化处理的堆肥、沤肥、厩肥、沼肥、绿肥、饼肥及有机茶叶专用肥，商品有机肥要经有机认证机构认证，污染物质含量应符合《有机茶生产技术规程》NY/T 5197标准中的规定。有机茶园土壤培肥过程中允许和限制使用的物质应符合《有机茶》NY/T 5196标准中的规定。

使用微量元素肥料时要确认茶树有潜在缺素危险时才能作为叶面肥喷施，使用的叶面肥必须在农业农村部登记并获得有机认证机构认证，要求在茶园采摘前10 d停止使用。微生物肥料应是非基因工程生产的肥料（固氮菌、根瘤菌、硅酸盐细菌肥料等），应符合《微生物肥料》NY 227标准中的要求。

注意外来农家有机肥以及一些商品化的有机肥、活性生物有机肥、微生物制剂肥料、有机叶面肥必须要得到有机食品认证机构颁证才可以使用。禁止使用未经腐熟的新鲜人粪尿、家禽粪便，禁止使用化学肥料和含有毒、有害物质的城市垃圾污泥及其他物质等。施用天然矿物肥料，必须查明肥料成分及含量、原产地、包装、贮运等有关情况，属无污染、纯天然的物质才可以施用。

98.茶园施用有机肥有哪些好处?

（1）有机肥能改善茶园土壤物理、化学和生物特性，提高土壤肥力。有机肥分解产生的有机胶体与土壤无机胶体结合形成了不同粒径的有机无机团聚体，明显改善了茶园土壤通气透水和保水保肥性能。因此茶园有机肥施得越多，有机质含量越高，土壤松软通透性越强；有机肥料中的有机物又是土壤微生物生长和繁衍的物质和能量来源。试验表明，深耕配合施用有机肥料可使茶园土壤的固氮菌增加1倍，纤维分解菌增加2倍，其他微生物群落也明显增加，促进了茶园土壤熟化的进程，大大提高土壤养分的转化效率和利用率。

（2）有机肥能减少养分固定，提高肥料利用率。有机肥含有及分解产生的有机酸、腐殖质酸等物质，具有很强的螯合能力，可以与许多金属元素形成螯合物，可防止土壤对这些营养元素的固定。如有机肥中的有机酸等螯合物能与茶园土壤中的铝离子螯合，可防止铝与磷结合形成茶树很难吸收的闭蓄态磷而失效，有利于提高土壤磷肥的肥效。

（3）有机肥中含有多种营养元素和有益元素，且养分比例协调，不仅有利于茶树的吸收，还能维护茶园土壤的养分平衡，有利于茶树生长，提高茶叶产量。另外，有机肥的大量使用可以提高土壤阳离子交换量，对改善土壤缓冲性能具有十分重要的作用。

（4）有机肥能改善茶叶品质。试验表明，施用菜籽饼的茶叶中水浸出物含量、香气和滋味均较施用硫铵的高；如施用有机肥可以提高祁门红茶的品质，施用有机肥茶园生产的红茶中茶多酚、咖啡碱、氨基酸和水浸出物含量较高，构成红茶香气的主体芳香物质如香叶醇、芳樟醇及其氧化物、芳香物质总量、香气指数等也较高。因此，茶园施用经过充分腐熟的有机肥能提高茶叶品质。

99.有机肥怎样进行无害化处理?

有机肥进行无害化处理时，应遵循无毒、无害、无污染的原则，采用合理的处理方法达到降解有机物污染和生物污染的目的。无害化处理的方法有物理方法、化学方法和生物方法三种。

（1）物理方法：如暴晒、高温处理等，这些方法效果好，但是养分损失大，成本高。

（2）化学方法：指采用添加化学物质除害，但在有机茶生产中不能采用。

（3）生物方法：用接菌后的堆腐和沤制，使有机肥料高温发酵，简单易行效果好。生物方法是在有机茶生产过程中唯一可采用的方法。有机肥无害化处理的生物方法主要有EM堆腐法、自制发酵催熟粉堆腐法、工厂化无害化处理等。

1）EM堆腐法。EM是多种活性好氧和厌氧的有效微生物群，主要由光合细菌、放线菌、乳酸菌、酵母菌等组成，具有除臭、杀菌、杀虫、净化空气和促进植物生长等多种功能。EM堆腐法主要步骤为：①配置堆肥用的EM稀释液，即购买EM原液，按清水100 mL、蜜糖或红砂糖20~40 g、米醋100 mL、烧酒（含酒精30%~35%）100 mL、EM 50 mL的比例配置待用。②将人、畜禽粪便风干使含水率达30%~40%。③将稻草、玉米秆、青草等切成1.0~1.5 cm长的碎块加少量米糠拌均匀，待作堆肥的膨松剂。④将稻草、玉米秆等膨松物与粪便按重量1：10混合搅拌均匀，堆成厚20~30 cm的肥堆。⑤在肥堆上薄薄撒上一点米糠或麦麸等物后，再洒上配置好的EM稀释液，每1 000 kg肥料洒1 000~1 500 mL EM稀释液。⑥按同样的方法铺上3~5层，然后盖上塑料布使其发酵。注意当堆肥内温度达45~50 ℃时翻1次，堆制过程一般要翻动几次才算完成。当发现肥料中长有许多白色的霉毛，有一种特别的香味就可以使用了。一般夏天7~15 d，春天15~25 d完成，冬天需更长时间。

2）自制发酵催熟粉堆腐法。①发酵催熟剂的制备：按重量比例分别称取米糠（14.5%）、油粕（14%）、豆渣（13%）、糖（8%）、水（50%）、酵母粉（0.5%）。②将糖加于水中，搅拌溶解后加入米糠、油粕、豆渣和酵母粉，再搅拌混合均匀后堆放于30 ℃左右的环境中，保持30~50 d进行发酵。③再用草炭粉或沸石粉按1：1比例掺和稀释，搅拌均匀即可。④将人、畜禽粪便风干使含水率达30%~40%时与稻草（切碎）等膨松物按重量10：1进行混合，每100 kg混合肥中加入1 kg催熟粉，充分搅拌后堆肥使之发酵，堆积10 d需要翻混。当肥堆表面以下30 cm处的温度达50 ℃以上，几乎没有臭味时进行翻混，第三次翻混后堆放3~10 d即可使用。

3）工厂化无害化处理。如果有大型畜牧或家禽场，因粪便较多，可采用工厂化无害化处理，其工艺流程为：粪便集中→脱水→消毒→除臭→配方搅拌→造粒→烘干→过筛→包装→入库。

100.茶园叶面肥的种类有哪些?

茶园叶面肥的种类很多，根据其作用和功能等分为四类。

（1）营养型叶面肥：主要含有氮、磷、钾及中微量元素养分。

（2）调节型叶面肥：含有调节茶树生长的物质，如生长素、激素等，可促进茶芽早发的叶面肥均属于此类叶面肥。

（3）生物型叶面肥：含微生物体及其代谢产物，如氨基酸、核苷酸、核酸类物质等，有利于刺激茶树生长，促进代谢，提高茶叶品质，减轻和防止病虫害的发生等。

（4）复合型叶面肥：此类叶面肥种类繁多，复合混合形式多样，功能也多样化。

茶园内禁止使用含激素的叶面肥和稀土叶面肥。

101.如何提高叶面肥施用效果，关键技术要点是什么？

（1）合适的喷施浓度。在一定浓度范围内，养分进入茶树叶片的速度和数量随叶面肥溶液浓度的增加而提高，但浓度过高容易发生肥害，要严格按浓度要求喷施。常见的叶面肥喷施浓度为：尿素0.5%~2.0%，硫酸铵1.0%，过磷酸钙1.0%，磷酸二氢钾0.5%，硫酸钾1.0%~1.5%，硫酸镁1.0%~2.0%，硫酸锰0.1%~0.5%，硫酸亚铁0.2%~0.5%，硫酸锌0.5%~1.0%，硫酸铜0.05%~0.1%，硼砂或硼酸0.1%~0.3%，钼酸铵0.05%~0.1%。

（2）适宜的喷施时间。茶树叶面肥施用最好在傍晚无风的天气进行。在有露水的早晨喷施，会降低溶液的浓度，影响喷施的效果；如在中午有烈日时喷施容易灼伤茶树的叶片；在雨天或雨前进行叶面喷施，会导致养分淋失。

（3）叶片正反面喷施。要均匀喷施茶树叶片的正反面，喷洒的雾滴尽量细小，由于茶树叶片背面蜡质层薄，气孔多，吸肥速度快，喷洒以叶背为主。

（4）喷施次数不能过少。茶树叶面肥喷洒次数应在3次以上，每次间隔7 ~ 10 d。

（5）叶面肥混用要得当。当2种或2种以上的叶面肥合理混用时可以节省喷洒时间和用工，增产效果会更加显著，肥料混合后无不良反应，不能降低肥效。自制的叶面肥，如茶树叶面喷施尿素、磷酸二氢钾、硼砂、硫酸锌和钼酸铵等时，为增加养分的渗透能力，可在叶面肥溶液中加适量的湿润剂，如中性肥皂液或质量较好的洗涤剂等，可以降低溶液的表面张力，增加与叶片的接触面积，很好地提高叶面追肥的效果。

102.茶园减少化肥使用量有什么意义？

化肥是重要的农业生产资料，在促进粮食和农业生产发展中起了重要的作用。茶树是我国重要的经济作物之一，化肥投入在保障我国茶叶产量与品质中发挥了作用，但我国茶园过量施用化肥问题突出，不仅增加了生产成本，还导致肥料利用率偏低，没有被利用的养分，除了部分留在茶园土壤中被茶树吸收外，绝大多数进入环境中，导致严重的环境污染；另外，茶园化肥用量过多，加剧了茶园土壤酸化，提高了土壤重金属元素含量，微生物活性减弱，导致茶园土壤结构和生物性状变差等不良后果，严重影响了茶树的正常生长。因此，减少茶园化肥使用量十分必要。

2015年农业部提出《到2020年化肥使用量零增长行动方案》，指出要进一步优化施肥结构、改善施肥方式、提高肥料利用率，以精、调、改和替来实现化肥的零增长，开展了“果菜茶有机肥替代化肥行动方案”，示范推广多种形式的茶园化肥减施增效技术方案，引导茶农合理施肥，有效解决了化肥过量施用带来的环境问题，对提高茶叶产量和品质，实现茶叶绿色生产，促进茶产业健康持续发展具有重要意义。

103.茶园有机肥替代化肥技术有哪几种模式？

有机肥替代化肥技术是实现茶园化肥“零增长”的重要技术之一，茶园有机肥使用量应根据茶园土壤养分状况进行，施用应做到早施、施足、深施及配施。只采摘春茶的绿茶茶园有机肥替代化肥技术有以下几种模式：

（1）“有机肥+配方肥”模式。

1）基肥：在茶树地上部分停止生长时，每亩施用100~150 kg菜籽饼或150~200 kg畜禽粪有机肥、38%（18：8：12或相近配方）的茶树专用肥30 kg。有机肥和专用肥拌均匀后开沟15 ~20 cm或结合深耕施用。

2）追肥：春茶开采前30 d左右每亩施用尿素8~10 kg，春茶结束后修剪前或6月下旬，每亩施用尿素8~10 kg，均开浅沟施用。

（2）“茶–沼–畜”模式。

1）基肥：在茶树地上部分停止生长时，每亩施用100~150 kg菜籽饼或150~200 kg畜禽粪有机肥或沼渣30~45 m^3，开沟15~20 cm或结合深耕施用。

2）追肥：追肥分4次施入，每次每亩施用沼液400~500 kg（按沼水比1：1稀释），掺入尿素4~5 kg，混合均匀后浇入茶树根部。追肥时间分别为春茶采摘前30 d左右、开采前、春茶结束后、6月底或7月初。

（3）“有机肥+水肥一体化”模式。

1）基肥：在茶树地上部分停止生长时，每亩施用100~150 kg菜籽饼或150~200 kg畜禽粪有机肥，开沟15 ~ 20 cm或结合深耕施用。

2）追肥：分5~6次施入，每次每亩用水溶性肥料纯氮（N）1.5 kg、纯磷（P_2O_5）0.3 kg、纯钾（K_2O）0.4 kg，分别于春茶采摘前30 d左右、开采前、春茶结束后、6月初、7月初和8月初施用。

（4）“有机肥+机械深施”模式。按照“有机肥+配方肥”模式确定肥料种类、用量和施用时间，基肥采用机械深施（15~20 cm），追肥采用开沟（5~8 cm），条施覆土或表面撒施+施后浅旋耕（5~8 cm）混匀进行。

104.什么是茶园水肥一体化？

茶园水肥一体化是根据茶树生长发育需要，借助压力系统或地形自然落差，将可溶性固体或液体肥料，按照土壤养分含量和茶树的需肥规律和特点，与灌溉水配兑成水肥液并通过管道和滴头形成滴灌，定时定量均匀输送给茶树根部，浸润根系发育生长区域，是一种全面提升茶园水肥利用效率的现代化农业新技术。

105.茶园水肥一体化技术有哪些优点和不足？

（1）优点：一是提高茶园水肥利用率。水肥一体化技术可以适时适量地控制灌溉，使水分均匀地保持在茶树根系的活动范围内，不会产生地表径流和深层渗透，因此，提高了水分利用率。肥料溶解于水中通过管道以滴灌的形式直接输送到茶树根部，降低了肥料养分的损失，保证了养分的作用和根系的快速吸收。二是省时省力。水肥一体化技术只需打开阀门，合上电闸，即可实现自动灌溉与施肥，传统上的灌溉施肥方法需开沟，不仅费工，劳动力度也大，利用水肥一体化技术可实现水肥同时进行，节省了劳动力。 三是促进茶叶增产提质。利用水肥一体化技术可根据茶树需水需肥规律随时调配，保证茶园水分和养分的供应平衡，还可以改善茶园小气候，促进茶树的生长发育，达到增产提质的效果。四是有利于保护环境。利用水肥一体化技术控制茶园施肥数量和时间，实现精准施肥，减少了由于过量施肥造成的环境污染，可以有效控制土传病害的发生，减轻茶园病害，保护了生态环境。

（2）不足：一是水肥一体化技术属设施施肥，成套设备造价成本高，一次性投资较大。二是对水源、水质和茶园地形、地势等要求较高。三是管道渗漏和滴头容易堵塞，维护和管理滴灌设施要求较高。四是水肥一体化技术专业性强，灌溉系统对肥料溶解度有较高的要求，技术人员要熟悉掌握不同肥料混用时肥料间的相互作用。

106.茶园水肥一体化技术的要点是什么？

（1）茶园肥料的选择与配制：适合茶园水肥一体化应用的肥料主要有尿素、碳酸氢铵、硫酸铵、磷酸二氢钾、氯化钾（以白色为佳）、磷酸二铵、磷酸一铵、水溶性硫酸钾及水溶性复混肥等。水溶性复混肥有大量元素水溶肥，以及加入了微量元素、氨基酸、海藻酸、腐殖酸等的氮磷钾复混肥。水溶性复混肥应符合农业行业标准。沼液也是配制水溶肥料的良好基液，含有丰富的腐殖酸等有机物质。

肥料选择时要求常温下不溶解物在5%以下，养分浓度高，肥效好，稳定性好，兼容性强，腐蚀性小，要求不同肥料混配时不产生沉淀。

（2）施肥量和施肥时期的设定：先按常规施足基肥，然后按目标产量适当减施追肥量，一般可降低追肥使用量的20%。施肥期间要考虑茶树的养分需求和土壤水分含量，一般以土壤含水量为主要依据确定施肥时期，正常1个月施一次，夏天气温高时可适当降低施肥浓度，增加滴灌施肥的次数。

（3）灌溉施肥方法：少量多次是水肥一体化灌溉施肥技术的原则，它符合茶树根系不间断吸收养分的特点，还可以减少肥料的淋失。施用水溶肥时要注意：肥料要现配现用，防止肥料成分与水中的物质发生反应；灌溉肥液的浓度要根据茶园土壤湿度适当调节，土壤干燥时浓度可低些，土壤湿润时浓度可高些，肥液浓度较高时注意少量多次；要避免酸性肥与碱性农药混配、碱性肥与酸性农药混配。在夏季晴天温度高时避免在阳光强射下施肥，应在早上10时之前，下午4时以后进行。

第七章 茶园病虫害绿色防控

107.什么是茶园病虫害绿色防控?

（1）茶园病虫害绿色防控是指以确保茶园生产、茶叶质量安全和茶园生态环境安全为目标，以减少化肥、农药的使用量为目的，采取生态调控、理化诱控、生物防治和科学用药等环境友好型措施来控制茶园病虫为害的植物保护措施。

（2）茶园病虫害绿色防控是指从茶园生态系统出发，综合运用各种防治措施，保护利用自然天敌，恶化病虫的生存环境，将有害生物控制在允许的经济阈值以下，将农药残留降低到规定标准范围，病虫为害损失降到最低限度。

（3）茶园病虫害绿色防控技术有利于保护茶园生态系统平衡和生物的多样性，降低病虫害暴发概率，是促进茶叶标准化生产，提升茶叶质量安全水平的必然要求，是降低农药使用风险，保护生态环境的有效途径。

108.茶园病虫害绿色防控的主要技术有哪些?

茶园病虫害绿色防控要遵循“预防为主、综合防治”的植保方针，主要包括生态调控、理化诱控、生物防治和科学用药等绿色防控技术。

（1）生态调控：是指以茶园生态系统为对象，通过各种茶园栽培管理措施预防和控制茶树病虫害的技术。通过生态调控可以改变有害生物的生存环境，形成不利于它们生存和繁衍的条件，从而降低有害生物的种群。

（2）理化诱控：是指利用害虫的趋性、群集性和食性等习性来防治茶园有害生物的技术。

（3）生物防治：是指利用鸟类、昆虫、病原微生物或其他天敌来控制、降低和消灭病虫害的技术。

（4）科学用药：是指将已取得登记的农药产品科学安全有效地使用在茶树上防治病虫害的技术。

109.茶园生态调控技术的主要措施有哪些?

生态调控是茶园病虫害绿色防控技术的基础，其主要措施有维护和改善茶园生态环境、选用和搭配不同的茶树品种、及时采摘、加强茶园管理等。

（1）改善茶园生态环境，维持茶园生态平衡。茶园及其周围的生态环境决定着茶园生物的多样性和病虫害的发生程度，对于植被丰富的茶园要注意维持和保护生态平衡，对于自然条件较差的丘陵和平地茶园，要采取植树造林，种植防风林、行道树、遮阴树，增加茶园周围植被的丰富度，使茶园成为较复杂的生态系统，从而改善茶园的生态环境，增强其自然调控能力。

（2）选用抗性强的优良品种及合理搭配。茶树是多年生植物，选用品种时，除考虑其产品质量水平、气候适应性、茶类适制性外，还要考虑茶树良种对当地主要病虫害的抗性程度。在换种改植或发展新茶园时，应选用对当地主要病虫害抗性较强的良种；由于不同茶树品种对各种病虫害具有不同程度的抗性，在大面积建设新茶园时，要选择和搭配不同的无性系茶树良种，避免在一个区域大量种植同一个品种，可以防止由于茶树良种抗性的变化或病原菌、害虫的适应性改变而造成茶园病虫害的暴发或流行。

（3）及时适时采摘。及时适时采摘茶叶嫩梢，可以减少病虫的营养供给，破坏害虫的产卵场所和病害的侵染途径。及时分批多次采摘可明显地减轻蚜虫、小贯小绿叶蝉、螨类、茶细蛾、茶芽枯病、茶白星病等多种危险性病虫的为害。对已被病虫为害的芽叶还要注意重采、强采。如遇到春季变暖早，要早开园采摘，夏、秋季节尽量少留叶采摘。

（4）适当除草中耕。合理除草中耕可以增加土壤透气性，促进茶树根系生长和土壤微生物的活动，破坏地下害虫的栖息场所，有利于天敌入土觅食。一般以夏、秋季浅翻1～2次为宜，恶性杂草务必除净，一般杂草可适当保留一部分以利于天敌栖息，可调节茶园小气候，改善生态环境。

（5）科学施肥。科学施肥有利于增进茶树营养，提高抗病虫能力，茶园施肥要根据茶树所需养分规律进行平衡施肥或测土施肥，基肥应以农家肥、堆肥和菜籽饼等有机肥料为主，注意有机肥料要经过无害化处理。适当增施磷、钾肥，要进行多次追肥，可适当喷洒叶面肥。

110.茶园常见的理化诱控技术有哪些?

茶园常见的理化诱控技术有灯光诱杀、色板诱杀、性信息素诱杀、食饵诱杀等。

（1）灯光诱杀：是利用茶园害虫的趋光性，在茶园设置诱虫灯诱杀害虫的技术（图7–1）。生产上常用的有频振式杀虫灯和风吸式杀虫灯。灯光诱杀技术可以诱杀茶

图7-1 灯光诱杀

毛虫、茶尺蠖、茶刺蛾等鳞翅目害虫，同时对半翅目、鞘翅目的小贯小绿叶蝉等也有诱杀作用。一般每30~50亩设置1盏杀虫灯，开灯时间根据茶园害虫测报或活动规律来确定，一般在目标害虫成虫的始峰期开始防治。

（2）色板诱杀：是利用茶园害虫对不同颜色的趋性进行诱集或干扰害虫行为的技术（图7–2）。茶园色板以黄板为主，用于诱杀黑刺粉虱、小贯小绿叶蝉、茶蚜、蓟马及其他趋色性的害虫。每亩悬挂20~25张，悬挂高度以色板底端接近茶树的茶梢顶端最好。色板与昆虫信息素配合使用能增强防治效果。

（3）性信息素诱杀：是利用昆虫信息素诱杀和干扰昆虫的正常行为，以减少茶园害虫的技术（图7–3）。茶园悬挂含性引诱剂诱芯的诱捕器，可以诱集并杀灭雄虫。每亩放3个带诱芯的夜蛾诱捕器，悬挂高度以诱芯距离地面1.2 m为宜。

（4）食饵诱杀：是利用茶园害虫对糖、醋等具有特殊气味的化学物质的趋性诱杀害虫的技术。常用方法是将糖：醋：黄酒按45%：45%：10%的比例混合后微火熬制成糊状，将熬好的糖醋液涂在盆钵壁上，放在茶园中略高出茶蓬的位置，可以引诱卷叶蛾、小地老虎等成虫。

图7-2　色板诱杀

图7-3　性信息素诱杀

111.茶园生物防治技术的主要措施有哪些?

生物防治是利用生物物种间的相互关系，以一种或一类生物控制另一种或另一类生物，以降低有害生物种群密度的一种技术。它的最大优点是不污染环境，不产生农药残留，对其他有益生物安全。茶园生物防治技术的主要措施有以下几种。

（1）保护和利用茶园害虫天敌。

1）建立茶园良好的生态环境。在茶园周围种植防护林和行道树，或者进行茶园间作，幼龄茶园间作绿肥，夏、冬季节茶树行间铺草，给天敌昆虫创造良好的栖息、繁殖场所。

2）结合农业措施保护天敌。茶园合理密植，培育强壮树势，增加茶园覆盖度；进行茶园耕作、修剪等农事活动时，给茶园天敌一个缓冲带，减少对天敌的伤害，并将茶园修剪、台刈的枝叶先集中堆放在茶园附近，有利于天敌昆虫和虫生真菌的生存繁衍。

（2）释放天敌昆虫——“生物导弹”技术。将经室内人工大量饲养后的天敌释放到目标茶园，可有效控制相应的害虫。捕食螨和寄生蜂等是茶园害虫的天敌，茶园释放寄生蜂如赤眼蜂可以防治茶小卷叶蛾，茶尺蠖绒茧蜂可以防治茶尺蠖幼虫，缨小蜂可以防治小贯小绿叶蝉，释放捕食螨如胡瓜钝绥螨可以防治茶橙瘿螨。

（3）应用微生物源制剂——茶尺蠖病毒和茶毛虫病毒制剂。

1）微生物源制剂是指将细菌、真菌、病毒等微生物及其代谢产物加工制成的一类杀虫剂，通过病原微生物侵染害虫，使害虫生病而死。微生物源制剂具有选择性强，对人、畜、农作物和自然环境安全，不伤害天敌，不易产生抗性等特点。

2）茶尺蠖病毒和茶毛虫病毒制剂使用技术。我国茶园使用面积较大的病毒制剂有茶尺蠖核型多角体病毒、茶毛虫核型多角体病毒。使用茶尺蠖病毒制剂防治茶园茶尺蠖时，可选择茶尺蠖第1代或5、6代1或2龄幼虫期喷洒，注意要将茶树蓬面全部喷湿。使用茶毛虫病毒制剂防治茶毛虫，可选择在1或2龄幼虫期喷洒。两种病毒制剂的使用浓度均为800~1 000倍。

3）施用微生物源制剂时，应避开严冬、早春等寒冷的天气，在温度25~30 ℃时能有效激发微生物源制剂的生物活性，防治效果更佳。避免在晴天10 ~ 16时之间等高温干燥的条件下施用，最好选择在阴天、雨后或早晨等湿度大的环境中施用，避免遭到大雨冲刷及避免与其他杀菌剂混用，以免影响药效发挥。

（4）应用植物源农药——苦参碱。

1）植物源农药指利用植物资源开发的农药，包括从植物中提取的活性成分、植物本身和按活性结构合成的化合物及衍生物。植物源农药杀虫机制是胃毒、驱避、拒食、抑制生长和发育、干扰中枢神经系统功能等多种方式。植物源农药的类别有植物内源激素、植物源昆虫激素、植物毒素、拒食剂、引诱剂、驱避剂、增效剂、植物防卫素等。

2）苦参碱属于生物碱类杀虫剂，一般为苦参总碱，其主要成分有苦参碱、槐果碱、槐定碱等多种生物碱，具有触杀和胃毒作用。可用于防治茶毛虫、茶尺蠖和茶刺蛾等茶树鳞翅目害虫，也可以防治茶蚜、茶橙瘿螨。用0.6%苦参碱水剂1 000倍液防治茶树茶尺蠖，防治效果可达90%以上，建议安全间隔期为5~7 d。

（5）应用矿物源农药——农用喷淋油。

1）矿物源农药是指有效成分来源于矿物体的无机化合物和石油类的农药。主要有硫黄产品、矿物油乳油。目前，茶园中常用的矿物源农药有防治茶橙瘿螨的矿物油和秋冬季节封园使用的石硫合剂。

2）农用喷淋油是从石油中分离出的用于农业害虫防治的一种矿物油，其杀虫原理是通过溶解昆虫体表蜡质层，封闭昆虫气孔，达到杀死或控制害虫的目的。与一般的化学农药相比，农用喷淋油具有防治效果独特，对害虫不易产生抗性，无残留等优点，可以防治茶园介壳虫、粉虱、蚜虫和蓟马等害虫；农用喷淋油还可用于防治茶炭疽病，推荐使用浓度为150~200倍液，注意使用时应采用小孔径均匀喷雾。

112.茶园如何做到科学用药？

当运用生态调控、理化调控、生物防控等技术不能有效地控制茶园的暴发性病虫害时，必须采取化学防治方法，科学、安全使用农药防治茶园病虫害应做到以下几点。

（1）合理选择农药品种。应选用高效、低毒、低残留、对茶叶品质和环境无不良影响的农药品种，尽量使用植物源和生物源农药，并且该农药品种必须在茶树上取得登记，同时，要根据茶园的防治对象合理选择对害虫有效的农药，做到对症下药。如对咀嚼式口器的害虫应选用有触杀、胃毒作用的农药，对刺吸式口器的害虫应选用有触杀、内吸作用的农药，对仓库害虫可选用有强熏蒸作用的农药。

（2）掌握适宜的防治时期。

1）按茶园病虫防治指标指导施药，可以减少施药的盲目性，提高防治效果，减少农药使用量和次数，降低生产成本，同时减轻农药对环境和茶叶的污染，减少对天敌的杀伤作用。茶园主要害虫防治指标：茶尺蠖防治指标的国家标准为每亩虫量4 500头，小贯小绿叶蝉是夏茶期每百叶虫数5~9头，秋茶期每百叶虫数12~15头。

2）选择茶园病虫对药剂最敏感的时期喷药。不同病虫有不同的防治适宜时期，如茶尺蠖、茶毛虫、刺蛾类等鳞翅目食叶幼虫应在3龄幼虫期前防治效果好；小贯小绿叶蝉、茶黄蓟马应在发生高峰前期，若虫占总虫量80%以上时防治；蚧类和粉虱类的防治应掌握在卵孵化盛末期（卵孵化84%以上时）防治；螨类应掌握在发生高峰前期防治；茶细蛾应在幼虫潜叶、卷边期施药。

3）茶树病害应在病害发生前或发病初期开始喷药防治，使用保护性杀菌剂防治应在病菌侵入茶树叶片之前进行。

4）此外，茶园中农药的喷施必须考虑到茶叶的采摘期。如茶园即将采摘，应在茶园采摘后再喷药，或选择安全间隔期比较短的农药，采摘茶园中不宜使用对茶叶品质影响较大的长残效农药。

（3）适量用药。必须根据规定的农药使用浓度进行施药，不能随意提高或降低浓度。

（4）遵守安全间隔期。各种农药的允许残留限量标准和安全间隔期是不一致的，为了确保采下的鲜叶加工制成干茶中的农药残留量低于允许残留限量标准，要根据各种农药的安全间隔期采摘茶叶。最后一次用药时间至采摘时间必须大于安全间隔期。

（5）适宜的施药方式。为了达到茶园经济有效地防治病虫害的目的，应根据害虫的分布情况选择相应的施药方式。茶尺蠖、小贯小绿叶蝉、茶蚜、茶橙瘿螨等喜食茶树嫩叶和嫩梢，常分布在茶树的蓬面，喷药时应采用蓬面喷雾的方法；茶毛虫、黑刺粉虱等喜食茶树成叶，主要分布在茶丛中下层，喷药时应采用侧位喷雾的方法，喷湿茶丛中下层的叶背面；蚧类害虫分布在茶树枝干上和叶片上，喷药时应将枝干和茶叶正反面均喷湿。

（6）合理地轮用和混用农药。

1）使用不同杀虫机制的农药防治茶园病虫，可以延缓和防止害虫产生抗药性，还可以发挥药剂之间的协同作用，减少茶园用药量和降低成本。

2）农药混用目前有两种方式：一种是把两种或两种以上不同作用机制的农药加工制成复配制剂，二是田间临时混配使用。

3）农药混用应注意以下原则：一是不能影响药剂的化学性质，如酸性农药不能与碱性农药混用，含铜、锰、锌等金属离子的农药在酸性条件下常会形成可溶性金属盐类，容易引起药害，因此，不能混用；二是不能破坏药剂的物理性状，如分散性、乳化性、湿润性；三是不能增大农药的毒性和残留；四是不能降低农药的药效或增效作用；五是不能发生药害，如石硫合剂和波尔多液混用时产生一些铜化合物，容易引起药害，不能混用。

113.什么是安全间隔期？

安全间隔期是指在茶树上最后一次喷施农药至采摘鲜叶等待的最少天数。不同农药品种的安全间隔期不同。

安全间隔期的长短取决于两个方面，一是农药的降解速度，二是农药的安全性。一般来说，稳定性越强的农药，喷药后的安全间隔期也越长；安全性较高的农药，一般最大残留限量（MRL）值也较高，安全间隔期相应较短。严格执行安全间隔期是控制茶叶中农药残留和贯彻农药安全合理使用的一项关键措施，喷施在茶树叶片上的农药会随着时间的推移逐渐降解，时间愈长，农药残留愈少，因此，在茶叶生产中应按规定的使用剂量喷药，并按安全间隔期采摘茶叶，才可保证茶叶产品中的农药无残留。

114.什么是茶叶中农药残留？

茶叶中农药残留是指农药使用后残留在茶叶中的微量农药及其代谢降解物的总称。农药喷施在茶树的叶片上以后，一部分会吸附在茶树叶片的表面，另一部分则会渗透到茶树叶片的内部。如果是内吸性农药，还会顺着传输通道输送到其他部位。经过一段时间以后，这些农药在阳光、温度和雨露等外界因素的作用下，以及茶树体内分解酶的影响下，会逐渐分解成无毒的物质，时间越长，就会分解得越彻底充分，但是一直到茶叶采收的时候，还存留在茶树上的微量农药就是农药残留。

115.茶叶中农药残留的主要来源是什么？

茶叶中农药残留的主要来源有直接来源和间接来源两种。

（1）直接来源：是指采用化学农药防治茶园病虫草害时，不同农药因其化学性质不同，降解速度有差异，在茶树叶片上的农药残留程度会有高低。在化学防治过程中注意农药的安全合理使用是控制茶叶中农药残留最有效的手段。

（2）间接来源：茶叶中农药残留除直接来源外，还有以下间接来源。

1）茶树从土壤中吸收农药。喷药过程中，有80%~90%的农药会流失到土壤中，这些农药一部分在土壤中蓄积，一些内吸性的农药通过茶树根系在吸取水分和营养物质的同时被输送到枝梢。

2）在茶园中使用了受污染的水。茶树叶面施肥、喷药和喷灌时，如所利用的水源已受周边农作或其他原因污染，就有可能将这些污染物随着水转移到茶树芽梢上。因此在发展有机茶和绿色食品茶的过程中，要注意了解茶园周围的稻田、果园、菜地等作物的用药情况。

3）空气漂移。农药喷施在叶片表面或土壤表面后可以通过挥发进入大气中，或吸附在大气中的尘粒上，或直接随气流转移，会在一定距离外直接沉降或由雨水淋降，造成茶叶芽梢可能受到外来的农药污染。因此，在有机茶、绿色茶园等生产基地周围要建有安全隔离带，必须充分考虑茶园周围的作物及用药情况，以避免因空气漂移或水源携带等因素带来的农药污染。

116.如何控制茶叶中的农药残留?

茶叶农药残留的控制是一项综合技术措施，以农业防治为基础，综合运用生物、机械和物理的防控技术措施，以控制茶园病虫害，减少化学农药的用量。主要包括以下几方面内容。

（1）农业防治。茶叶农药残留的农业防治主要有以下措施：

1）通过建立防护林，茶与林木、果树间作，套种绿肥，引入有益昆虫等措施，优化茶园生态环境，丰富茶园生态系统的生物多样性，提高茶园生态系统的自我调控能力，减轻病虫害的发生和危害，从而减少农药的使用，达到控制农药残留的目的。

2）合理运用各项农艺措施抑制茶园的病虫发生条件，可在一定程度上抑制茶园病虫害的发生和蔓延，主要包括选育抗性强的茶树优良品种、合理修剪和台刈、施肥与深耕相结合、及时适时采摘、抗旱保湿、中耕除草、疏枝清园等。

（2）理化诱控。利用茶园害虫小贯小绿叶蝉、黑刺粉虱、茶尺蠖等的趋光习性，采用灯光诱杀、黄板诱杀或人工捕杀的方法防治害虫。

（3）生物防治。保护和利用茶园天敌等有益生物种群控制茶树病虫害，在茶园病虫害防治时，发展环境友好型农药，大力推广植物源、微生物源和矿物源农药。

（4）化学防治。茶园病虫害的化学防治是茶叶农药残留的主要来源，为了降低茶叶中的农药残留，化学防治应做到以下几点：

1）科学用药，根据农药性质及病虫的发生规律，合理选用农药品种，选择高效、低毒、低残留的农药，优先推广生物农药，保障茶叶产品质量安全。

2）严格执行《农药合理使用准则》《农药安全使用规定》，禁止使用高毒、高残留农药。

3）加强茶园病虫害测报，按照防治指标适时用药，减少施药的盲目性。

4）掌握正确的农药使用量，严格按照有效剂量和浓度配药，尽量减少农药的施用次数，春季尽量不施药。

5）优化农药使用技术，提高防效，根据茶园病虫害发生规律喷药，提高农药对病虫的中靶率；根据不同的病虫害种类和茶园类型采用不同的喷雾方式。

6）严格执行农药的安全间隔期，降低茶叶农药残留量。

第八章　茶叶采摘与绿色加工

117.不同茶类的采摘标准是什么?

茶叶的采摘标准主要是根据茶类对新梢嫩度与品质的要求和产量因素进行确定的，最终是为了获得最高的经济效益。茶叶采摘标准大致可以分为细嫩采、适中采、特种采、成熟采四种，不同茶类采用不同的采摘标准。

（1）名优茶的采摘是细嫩采，其采摘标准是采摘单芽和1芽1叶，以及1芽2叶初展的新梢，采用这种采摘标准采制的茶叶季节性强，大多在春茶前期采摘，如制作高级西湖龙井、洞庭碧螺春、君山银针、黄山毛峰、庐山云雾等名茶，名优茶信阳毛尖春茶以1芽1叶初展为采摘标准。

（2）大宗茶类的采摘是适中采，其采摘标准是当新梢伸长到一定程度时，采摘1芽2、3叶和幼嫩的对夹叶，采用这种采摘标准采制的茶叶品质较好，产量和经济效益较高，这是我国目前内销和外销的眉茶、珠茶、工夫红茶、红碎茶等大宗红、绿茶普遍的采摘标准。

（3）乌龙茶类的采摘是特种采，其采摘标准是待新梢长至3～5叶将要成熟至顶芽最后 1 叶刚摊开时，采下茶树2～4叶新梢，这种采摘标准俗称“开面采”，全年采摘批次不多，产量一般。

（4）黑茶和砖茶的采摘是成熟采，其采摘标准是待茶树新梢充分成熟，新梢基部已木质化、呈红棕色时采摘1芽4、5叶和对夹3、4叶。目前为了满足不同消费者的需求，采用不同成熟度兼采的方法，生产不同级别的黑茶和砖茶。

118.什么是茶园的采摘时期?影响开采期的主要因素有哪些?

采摘时期是指在茶树新梢生长期间，根据采摘标准、留叶要求，掌握茶树适宜的年、季开采期，采摘周期及停采期（封园期）。及时抓住开采期与各批次的采摘时间，适时开采、停采，是采好茶的关键，是提高茶园鲜叶产量、茶叶品质的一个重要方面。

（1）开采期：是指茶树年生长周期中，第1批鲜叶的采摘日期。茶树芽叶萌发的迟早，新梢生长的快慢、长短等受气候因素的影响而有很大的差异，不同地区的采摘期并不一样，云南茶区通常多在2月下旬至3月上旬开采，长江中下游茶区则在3月上中旬开采，信阳茶区通常在3月下旬至4月上旬开采，山东胶南茶区开采期相对较迟。

（2）采摘周期：是指采摘批次之间的间隔期。一般大宗绿茶，用手工采的，春茶每隔3~5 d采1次，夏、秋茶每隔5~7 d采1次。如果用机器采茶，一般每季茶只采1~2批。采摘周期因茶树品种、气候、肥培管理等条件而不同，应根据茶树新梢的生长发育状况，结合采摘标准确定。萌芽速度快的茶树品种，采摘周期短；气温高或茶园肥培管理好，水肥充足，茶树生长较快，采摘周期短。

（3）停采期：又称封园期，是指茶园停止采茶日期。停采期的迟早，关系着当年产量、茶树的生长及下年的产量，具体应根据当地气候条件、茶园管理水平、茶树不同年龄的实际生长期、可以采摘的轮次等而定。通常冬季气候温和，培肥水平高，茶树生长好，当年已留适量叶片的，原则上可采到最后1批新梢时停止，反之，应提前封园。

（4）影响名优茶春茶开采期的因素：有茶树的品种特性、茶树树龄、茶叶采摘方式、茶树修剪、肥培水平、气候条件及茶园地形地势等。在同样气候条件下茶树早生种比晚生种提早7~15 d萌芽，开采期也早；树龄长或树势衰老的茶树越冬芽萌发及春茶开采期推迟，壮年茶树春茶开采期比幼龄茶树推迟2~4 d；春季修剪早的茶树比修剪迟的春茶开采期早；上年秋茶采摘时留叶少的茶树越冬芽萌发期和春茶开采期较早；一般而言，肥培水平较高的茶树越冬芽萌发期及开采期比肥培水平较低的茶树早，增施氮肥的茶树越冬芽萌发期及春茶开采期比不施氮肥的茶树早，上年秋冬季结合开沟施有机肥配施催芽肥，在春芽萌发时再喷施叶面肥会提早春茶开采期。温度是影响物候变化的主要气候因子，温度的高低是左右名优茶开采期迟早的主导因素，当平均气温较高或春茶采摘前≥10 ℃的有效积温愈高，则春茶开采期相应较早，反之较迟。干旱会延缓茶树的生长发育，茶树遭受旱害后，芽的萌发比正常时推迟15 d左右。低山茶园开采早，高山茶园开采迟；外山茶开采早，内山茶开采迟；偏南坡茶园茶树越冬芽萌动会比偏北坡的早1~3 d，春茶开采期相应提早。同时茶园土坡种类、土层深度也影响茶树的生长发育，一般生长在土层浅薄的砂质土茶园的茶树比生长在土层深厚的壤质土茶园的茶树越冬芽萌发期及春茶开采期要迟。因此，茶叶生产者应根据这些因素对春茶开采期的影响，科学规划新茶园，选择早、中、晚茶树品种合理搭配种植，综合运用各项农艺措施调节春茶开采期与高峰期，以获得茶树丰产优质高效益的栽培目的。

119.茶叶采摘的主要方法有哪些?

茶叶采摘的好坏，不仅关系到茶叶质量、产量及经济效益，而且还关系到茶树的生长发育及经济寿命的长短，生产茶园要采取正确的采摘方法保证茶叶质量及产量。茶叶采摘的方法主要有手工采茶和机械化采茶两种。

（1）手工采茶：是目前我国名优茶采摘的主要方法，分为掐采、提手采和双手采（图8–1）。提手采是名优茶茶叶标准的采摘手法，即掌心向下，拇指和食指夹住鱼叶以上的嫩茎，向上轻提，茶叶折落掌心。手工采摘要求保持芽叶完整、匀净、不夹带鳞片、鱼叶、茶果和老叶。手工采茶容易掌握，具有采摘精细、质量好、批次多、采期长的优点，有利于培养茶树树冠和延长茶树经济效益，但手工采茶也存在用工多、工效低等缺点，目前由于采摘劳动力日趋紧缺，采摘工资也在逐年提高，茶园难以做到及时采摘，严重影响了茶叶产量。

（2）机械化采茶：是指采用机器采摘茶叶的采茶方法（图8–2）。这种采茶方法

图8–1　手工采摘

图8–2　机械化采摘

大大提高了采摘效率，减少了采茶劳动力，降低了采摘成本，但机械采摘的茶叶批次少，单次采摘的强度较大，采摘时存在鲜叶老嫩不一致，芽叶破碎率较高等弊病，影响鲜叶品质，也对茶树的生长发育有较大的影响。目前大宗茶的采摘基本实现了机械化，名优茶的机采是茶园采摘的必然趋势。

120.茶叶适时手采应遵循什么原则？

不同嫩度的原料适制不同的茶叶产品，掌握茶园的生产目标适时采摘，有利于提高茶叶的产量和质量。茶叶适时手采应遵循以下原则：

（1）按标准及时采摘。茶叶生产的季节性很强，及时采摘是采摘好茶的关键，当茶芽长至所加工产品原料要求时，按茶叶采摘标准及时合理地采下芽叶，可以促进茶树腋芽和潜伏芽的萌发，从而增加新梢轮次，缩短采摘茶叶的间隔时间，有效地提高全年芽叶的质量及产量。

（2）分批多次采摘。不同品种茶树的发芽有早有迟，即使同一个品种、同一株茶树，因枝条强弱的不同，发芽会存在前后、快慢的差别。同枝条由于营养芽所处的部位不同，发芽早晚也不一致。生产季节要随时观察茶树新梢生长的动态变化，准确掌握批次，及时按标准分批多次采摘，先发先采，先达标准的先采，未达标准的留后采。分批多次采摘可以刺激茶树枝条营养芽的不断分化和萌发，茶树新陈代谢更为旺盛，可采摘更多的芽叶，有利于促进茶树的生长发育和提高鲜叶的产量及品质。

（3）依树势、树龄留叶采。根据茶树不同阶段的生长发育特点，采取不同的采留制度，使之既有较高的产量，又能保持茶树生长发育旺盛。

1）幼龄茶树的采摘必须贯彻“以养为主，以采为辅”的原则，也就是在定型修剪的基础上，配合良好的肥培管理，通过合理的打顶采（当新梢长至1芽5~6叶时，摘除顶端的1芽1~2叶，注意采高养低，采顶留侧，培养理想树冠结构。

2）成年茶树的采摘应坚持“以采为主，采留结合，及时开采”的原则，一般可采用“全年留鱼叶”或“春、夏茶留鱼叶，秋茶留1叶，及时、分批、按标准采留”的方法采茶。

121.机械化采摘的茶园应具备哪些条件？

茶产业属劳动密集型产业，茶园采摘是茶叶生产中用工量最多的环节，机械化采茶不仅可以解决鲜叶采摘劳动力短缺问题，而且降低了生产成本，适宜机械化采摘的茶园应具备以下条件。

（1）平地或坡度在15° 以下的缓坡条栽茶园符合机械化采摘，坡度大于15° 的茶园进行机采时必须修筑等高梯地，梯级茶园梯面宽在2 m以上。

（2）茶树品种以发芽整齐、生长强势的无性系良种为宜；由于机械化采摘无法做到有效识别茶鲜叶的种类、质量和大小等，因此机械化采摘的茶园种植的茶树品种要纯度一致。要求在选择机采茶园品种时，按比例进行早、中、晚品种的搭配，可以缓解茶叶生产的洪峰和生产能力的矛盾，避免建设设备配置上的浪费。

（3）根据采茶机械的切割幅度和有利于提高茶园覆盖度，要求适合采茶机切割幅度的茶园行距为1.5~1.8 m，茶园茶行的理想长度为30~40 m，缓坡地茶园的茶行走向要与等高线基本平行，梯级茶园的茶行走向要与梯壁走向一致，并且不得有封闭行。

（4）机采茶园茶树应该具有良好的树冠和采摘面。机采茶园应配套使用修剪技术使茶树形成适宜机械化采摘的树冠面和高度，培养树冠必须与选用的机械造型相配套，机械化采摘的茶树高度一般为60~80 cm，树幅85%~90%，树冠行间保留15~20 cm。

（5）茶园土壤肥力要好。机械化采摘的茶园因采摘强度大，养分消耗比手工采摘茶多，因此，机械化采摘的茶园土壤肥力要好，需要适时、及时补充肥料以保证茶树树冠营养，要加强肥培管理，重施有机肥，增施氮肥，配施磷、钾肥和叶面肥，有利于提高茶园鲜叶采摘的产量和质量。

122.茶叶机械化采摘的主要技术要点是什么?

（1）合理选用采茶机。现行的生产茶园中采茶机主要是双人采茶机和单人采茶机，双人采茶机分平型与弧型采茶机，单人采茶机只有平型采茶机。选用采茶机时，要选择与茶树树冠形状对应的采茶机。平地茶园和缓坡茶园选用双人台式采茶机，坡度较大的茶园选用单人操作的小型采茶机；以扩大树冠为主的幼龄茶园，适宜选用平型采茶机，以采摘鲜叶获取产量为主要目的的生产茶园应该选用弧型采茶机（平型树冠的茶园只能选用平型采茶机）。采茶机必须使用无铅汽油和机油，防止汽油、机油污染茶园土壤、茶树和茶鲜叶。

（2）适期机采、分批次及留叶采。

1）生产大宗红茶、绿茶的茶区，春茶采摘标准为新梢达到80%时开采，夏茶采摘标准为新梢达到60%时开采。

2）为了提高茶园经济效益，通常的做法是在春茶机采前期可以使用手工采摘早萌发的芽叶，加工名优茶，再进行机械化采摘。

3）机采茶园的采摘批次一般为全年4~6批，夏、秋茶应在上一次机械采摘后1个月甚至45 d左右开采。

4）留养技术是机采茶园中的一项重要措施，长期的机采会使茶树叶层变薄，叶面积指数和茶树载叶量下降，对夹叶增多，影响茶叶的产量与品质，一般机采5~6年的茶树应当留养，当茶树叶层厚度小于10 cm时，应在秋季留一轮新梢不采或留1~2片大叶采。

123.采摘鲜叶运送及摊放时要注意什么问题？

（1）采用清洁卫生、通气良好的网眼茶篮、篓筐等工具盛装鲜叶，避免用塑料袋、布袋、编织袋等透气性差以及软包装工具装运，以防止鲜叶发热变红。

（2）采摘下的鲜叶要及时运送，避免日晒雨淋，不要多装或挤压茶叶，防止发热和机械损伤；鲜叶运送到加工厂后要及时加工处理，避免长时间堆挤存放导致茶鲜叶变质。

（3）鲜叶摊放室及摊放器要求洁净、无异味、无污染、通风良好；鲜叶摊放厚度应根据气温高低，鲜叶老嫩和干湿度确定，气温高或雨天时要薄摊，鲜叶摊放达到工艺要求的应及时加工生产，避免长时间堆放导致茶鲜叶变质，鲜叶当天加工完毕。

124.什么是茶叶绿色加工？

茶叶绿色加工是指进行茶叶加工时，运用清洁化技术与低碳节能技术，同时最大限度地使用电能机械加工技术，防止茶叶加工对环境造成污染，降低能源消耗量，另外，还应运用节能炒茶机进行茶叶加工，防止茶叶出现焦边现象。

125.茶叶清洁化加工技术包括哪几个方面？

（1）加工生产环境的清洁化。茶厂所处环境要符合国家食品安全生产对厂所处地址的要求，不得有放射性的污染源。茶厂要远离村庄、道路、垃圾场以及员工的生活区，要求空气质量好，无污染物。茶厂设计和建造布局必须合理，车间内地面、墙体和门窗等必须按照食品卫生要求进行设计建设，必须安装排湿、排气、防虫、防鼠、防蝇设备，要单独设置摊放车间、加工车间、包装车间等。加工季节应每天打扫流水线等设施设备，及时处理生产废弃物，保持车间内整齐清洁。

（2）加工机械设备的清洁化。要求直接接触茶叶的加工设备和用具无毒、无异味、无污染，建议使用微波、气热、远红外杀青、干燥及光电拣梗机等环保加工设备。茶叶加工机械在使用完后要及时清洗，防止生锈，清除机械中剩下的茶叶残叶、汁液，并进行杀毒，防止微生物滋生。茶叶加工机械零件使用不需润滑油或者少需润滑油的材料制作，避免润滑油污染茶叶。

（3）加工能源清洁化。随着科技的发展，茶叶加工机械如揉捻机、杀青机、恒温发酵箱等越来越多地使用电力，对于那些没有使用电力为能源的茶叶生产机器，要求不能使用有毒、有害的燃料，如含铅汽油、柴油等。茶厂应尽可能使用电力、沼气、酒精等清洁能源的加工机械，使用节能灯等。

（4）鲜叶采摘的清洁化。要求采茶工保持衣冠整洁，采茶前洗净盛装鲜叶的篮、筐和双手，采茶时尽量保持芽叶的新鲜、洁净和完整。采茶运茶必须用干净透气的容器收集盛装鲜叶，装运鲜叶时要轻放轻压，筐内鲜叶不许盛装过多、过于紧实，避免鲜叶受到太阳直射等。茶厂应实行鲜叶验收制度，不同质量的鲜叶实行分开摊放，并由专人负责管理。

（5）加工操作人员的清洁化。加强茶叶加工员工的监督与培训，使其熟练掌握茶叶加工工艺要求、质量标准和卫生质量要求，持证上岗；建立健康体检制度，杜绝患有传染病及生病的人员进出车间。为减少人工操作带来的污染，工作人员进入车间前，要洗手、更衣、戴帽、换鞋，头发不能露于帽外，必须保持个人清洁卫生，不准化浓妆、染指甲、喷洒香水进入车间。严禁在加工车间吸烟、随地吐痰、乱丢垃圾。

（6）茶叶加工过程的清洁化。茶叶采摘前要求对茶叶加工车间进行彻底打扫清洗和消毒，制茶车间的门窗都要安装防尘纱布，以防止煤灰、尘埃飘进车间污染茶叶。茶叶加工必须按茶叶产品标准化、连续化生产工艺生产，做到茶叶加工不落地，保证茶叶加工过程不受污染。

126.推进茶叶清洁化加工需要解决的关键问题是什么?

（1）茶叶加工清洁能源的利用。茶叶加工清洁能源利用技术主要指在茶叶加工机械上推广使用以石油液化气、天然气、石油、电、沼气为能源的燃具的机械设计与加工使用技术，避免烧煤、柴对茶叶和加工环境的污染。

（2）茶叶加工清洁设备的利用。茶叶加工清洁设备主要指目前国内外正在开发使用的微波杀青、干燥设备，气热杀青，远红外干燥设备，光电拣梗设备，金属检出装置等。它的先进性不仅在于微波磁控管的耐久性好、可控性高，光电拣梗机方便快捷，微波、红外干燥设备能耗低、实用化程度高，而且能够实现茶叶加工环节中的清洁化。

（3）在茶叶加工中引入全程质量控制技术体系。HACCP（危害分析与关键控制点）是目前世界上最有权威的食品安全质量保护体系，是用来保护食品在整个生产过程中免受可能发生的生物、化学、物理因素的危害，其宗旨是将这些可能发生的食品安全危害消除在生产过程中，而不是单纯靠事后检验来保证产品的可靠性。在茶叶加工中引入此系统可将茶叶生产的安全保证重点由传统的对最终产品的检验转移到对工艺过程及茶叶原料质量进行管制。

127.什么是低碳茶业?

低碳茶业是一种在茶叶生产、经营过程中以最少的物质投入换取最大的产出收益，同时实现能源低消耗、环境低污染、温室气体低排放的产业发展形式，其特征是实现茶叶生产高产、优质、安全、高效的同时达到增汇减排与资源有效利用。

128.低碳茶业的主要发展方向是什么?

（1）建设复合生态茶园，提高茶树对光能的利用效率，增强茶树和茶园土壤的固碳能力，增加土壤碳储量，实现低碳茶业生产。

（2）采用养分资源综合管理技术来提高肥料利用效率，降低肥料的损失，减少温室气体的排放。

（3）推广有机茶生产技术。有机茶园施肥以有机肥为主，辅以矿物源肥料、微量元素肥料和微生物肥料，不施用化肥，可以降低施用肥料过程中产生的温室气体，实现资源节约和环境友好。生产中要求持续投入有机肥，随着种植年限的延长能够促进有机茶园土壤的良性循环，明显增加土壤有机碳的储量。高效利用加工设备和能源，不断提高热能效率是低碳茶业生产的重要技术措施。

（4）完善加工设备性能。通过对现有的茶叶机械进行改造（改进）、研究余热回收与利用、燃料与机械配套、新型节能材料研究与利用等技术，以提高热效率。

（5）合理选择和高效利用能源。

1）引进名优茶加工成套机械，从杀青做形到烘干等一切需要热源的工序，逐步利用远红外、电、液化气、太阳能作为能源，最大限度地减少燃煤造成的污染，向无烟化生产过渡。

2）电能、微波和沼气都是优质的能源，具有清洁、高效、低能、可再生等特点且技术成熟。各茶区可根据具体情况有选择地进行推广应用天然气、液化气、石油、太阳能等新型的茶叶加工能源。天然气可直接用于茶叶的烘焙，也可与滚筒杀青机等机械配合使用，太阳能可与烘干机配合使用来烘干茶叶等。

129.茶叶加工节能技术有哪些?

（1）微波技术。微波加热具有清洁快速、穿透力强、升温快的特点，而且是直接加热，无须通过媒介传导，因此能量转换效率很高。以杀青而言，微波杀青只需2～3 min就能钝化酶的活性，比传统加工同样数量的鲜叶能量节省 60%以上，基于同样的原因微波干燥效率也很高。

（2）近红外加热技术。近红外加热装置的热效率远高于传统的加热方式，升温速率也很高，红外干燥在食品工业中应用很广泛，茶叶加工中可以考虑应用。

（3）热泵技术和热管技术。热泵技术和热管技术是利用热效很高的传热介质进行热循环和热传导的供热技术，工业上应用很多，制茶上也可以应用。

130.六大基本茶类具有哪些品质特点？其加工工艺流程是什么？

我国的茶叶种类较多，根据茶叶加工制法和品质上的差异，可将茶叶分为绿茶、红茶、青茶（乌龙茶）、白茶、黄茶和黑茶六大类，现将其品质特点、加工工艺流程介绍如下。

（1）绿茶：属于不发酵茶，具有清汤绿叶、香气高爽、滋味鲜醇的品质特点。其加工工艺流程为：鲜叶→杀青→揉捻→干燥，其中杀青是形成绿茶品质特征的关键工序，直接决定着绿茶品质的优劣。根据绿茶在制作工艺上杀青和干燥方法的不同，可以分为炒青绿茶、蒸青绿茶、烘青绿茶及晒青绿茶。有代表性的绿茶产品主要有：西湖龙井、信阳毛尖、洞庭碧螺春、黄山毛峰、六安瓜片、太平猴魁、安吉白茶等。

（2）红茶：属于全发酵茶，具有红汤红叶的品质特点。其加工工艺流程为：鲜叶→萎凋→揉捻→发酵→干燥，其中萎凋是红茶初制的重要工艺，发酵是形成红茶红汤红叶风格的关键工序。目前，我国红茶有红条茶和红碎茶之分，红条茶按初制方法的不同又分为工夫红茶和小种红茶。有代表性的红茶产品主要有：正山小种、祁红（安徽祁门）、滇红（云南）、英红（广东英德）、川红（四川）等。

（3）青茶（乌龙茶）：属于半发酵茶，具有“绿叶红镶边”或“三红七绿”的色泽，香气馥郁、滋味醇厚、鲜爽回甘的品质特点，高级的乌龙茶还讲究“韵味”，如安溪铁观音具有香味独特的观音韵，武夷岩茶具有岩骨花香之岩韵等。其加工工艺流程为：鲜叶→萎凋→做青→杀青→揉捻→干燥，摇青是乌龙茶“绿叶红镶边”和独特香气形成的关键步骤。乌龙茶按产地不同具体分闽南乌龙、闽北乌龙、广东乌龙和台湾乌龙。

（4）白茶：属于轻微发酵茶，成茶具有满披白毫、色泽银白灰绿如银似雪的品质特点。其加工工艺流程为：鲜叶→萎凋→干燥。萎凋是白茶的关键工艺，不炒不揉的晾晒烘干是形成白茶满披白毫、毫香清鲜风格的关键工艺特征。白茶按照芽叶嫩度分为白毫银针、白牡丹、寿眉、贡眉等，按照茶树品种的不同，可分为大白、水仙白和小白三种。

（5）黄茶：属于轻发酵茶，具有黄汤黄叶、香气清悦、滋味醇厚、叶底嫩黄的品质特点。其加工工艺流程为：鲜叶→杀青→揉捻→闷黄→干燥，闷黄是形成黄茶黄叶黄汤风格的关键工序，闷黄过程中，可以促进茶叶中某些成分的变化与转化，减少苦涩味，增加甜醇味，消除粗青气，产生甜香味等。

（6）黑茶：属于后发酵茶，干茶具有乌黑油润，汤色黄褐、陈香、滋味醇厚的品质特点。基本加工工艺流程为：鲜叶→杀青→揉捻→渥堆→干燥，其中渥堆是形成黑茶色、香、味的关键程序，其主要作用是利用了微生物的酶促作用、湿热环境的水热作用及化学的氧化还原反应这三个方面改变茶叶的内含成分，形成黑茶品质。按照产地的不同分为云南普洱茶、湖南黑茶、湖北黑茶、四川黑茶、广西六堡茶等；按照加工方法及外形的不同又可分为散装黑茶和压制黑茶两大类。

131.信阳毛尖茶清洁化加工工艺流程是什么?

信阳毛尖茶的品质特征为：成品条索细圆紧直，色泽翠绿光润，白毫显露；汤色嫩绿明亮，香气高长，滋味鲜醇；叶底芽壮，嫩绿匀整。信阳毛尖香气可表现出不同程度的毫香、鲜嫩香、熟板栗香；滋味分浓烈型和浓醇型，内含物质丰富，浓醇而鲜爽。

（1）信阳毛尖茶清洁化加工工艺流程为：鲜叶→摊放→杀青→缓苏（回潮）→揉捻→解块→初烘→理条→回潮→复烘（提香）。茶叶加工过程通过输送装置不落地连续作业实现清洁化生产，加工全程使用清洁能源。信阳毛尖茶清洁化加工各工艺应不着色、不添加任何人工合成的化学物质和香味物质。

（2）信阳毛尖茶清洁化加工工艺主要技术要求包括以下几点。

1）鲜叶分级，使用鲜叶分级机对鲜叶进行分级，特别是中、低档茶鲜叶，通过筛分，将老嫩大小不一的鲜叶区分。

2）杀青，使用滚筒杀青机，杀青滚筒进叶口35 cm处筒壁温度控制在115 ~ 120 ℃，杀青时间1.5~2 min，杀青后在制品含水率控制在60%左右。

3）冷却回潮，使用冷却机和回潮机，时间控制在20 ~ 30 min。

4）揉捻工艺，高档鲜叶原料采用30型或40型揉捻机进行揉捻，时间控制在6~8 min，中档鲜叶原料采用40型或45型揉捻机进行揉捻，时间控制在15~18 min，低档鲜叶原料采用45型或50型揉捻机进行揉捻，时间控制在25~30 min。

5）解块，揉捻叶下机后，用茶叶解块机进行解块。

6）理条工艺，理条时间控制在5 min左右，投叶量0.75~1.0 kg，理条锅壁温度控制在85 ~ 95 ℃为宜。

7）烘干，初烘温度应控制在115~120 ℃，时间6~8 min，含水量10%~15%较好，初烘后的茶叶要充分摊晾回潮，摊晾回潮时间为4 ~ 6 h；复烘温度控制在70~80 ℃，时间25~30 min，含水量5%~6%。

第九章　茶叶质量安全管理体系

132.茶叶质量安全管理体系主要包括哪几个方面？

茶叶质量安全管理体系主要包括质量安全标准体系、质量安全检测检验体系、质量安全认证体系、质量安全执法监督体系、质量安全科技推广体系和质量安全信息体系6个方面。

（1）质量安全标准体系是茶叶质量安全管理体系的基础，是实现质量安全认证茶叶规范化管理的基本要求。标准体系的建立，应符合国际有关农业和农村经济工作的法律法规及有关农业和农村经济工作的方针和政策要求，并与WTO规则、农业协定及国际发达国家的技术法规相适应。建立质量安全标准体系时，应密切结合茶叶生产实际需求，坚持实事求是，需要什么标准，就制定什么标准，配齐企业生产全过程的操作规程（规范）等，确保茶叶生产的每个环节都有标准可依。

近年来我国在茶叶标准制定方面取得了很大的成就，从无公害茶叶到有机茶都制定了相关的行业质量标准和技术规范。我国国家标准体系由国家标准、行业标准、地方标准和企业标准4级构成。2014年年底统计，国家标准化指导性技术文件2项，与茶叶相关的国家标准115项，行业标准126项，地方标准450项，企业标准10 000多项，标准涵盖了产地环境、生产过程、种子（种苗）、加工过程、包装、储藏与运输过程等。

（2）茶叶质量安全检测检验体系是茶叶质量安全体系的主要技术支撑，是政府实施茶叶质量安全管理的重要手段，是政府提供技术决策、技术服务和技术咨询的重要职能，为提高茶叶质量与安全水平发挥着关键和核心作用。加强茶叶质量安全检测检验体系建设，对确保茶叶消费安全、提高茶叶市场竞争力和调节茶叶进出口贸易等方面具有重要意义。

目前，基本形成了以国家农业农村部茶叶质量监督检验测试中心为最高权威，各级产品质量技术监督机构和农产品质量检验检测中心为基本检测点，各地商检部门严密监控进出口茶叶的质量安全检测检验体系。但目前我国各级政府管理的重点放在对茶叶质量安全实施监控方面，安全体系研究起步较晚，与发达国家安全体系研究相比还存在一定差距。

（3）认证是保证产品、管理体系符合技术法规和标准要求的合格评定活动，是国际通行的对产品、管理体系进行评价的有效方法，认证已经成为世界各国政府用于调控和管理经济的重要手段。一般意义上说，质量认证就是第三方依据程序、标准对产品、过程符合质量要求给予书面的保证（合格证书）。认证按其对象可分为产品认证和体系认证，按其性质又分为强制性认证和自愿性认证。产品认证是按规定的检查、检测方法对产品进行检验，以证明其符合标准和技术规范的全部要求，同时对其质量体系进行检查评定。体系认证是认证对象为组织的质量管理体系或环境管理体系等，是对组织体系中质量保证能力的合格评定。对食品和农产品实施质量安全认证是保证食品质量安全、突破贸易技术壁垒和促进国际贸易的重要手段。

茶叶的质量安全认证是我国食品质量安全认证中发展最早的产品之一，目前已经初步形成以无公害茶叶认证为重点、以绿色食品茶叶认证为先导、以有机茶认证为补充的“三位一体、整体推进”的质量安全认证体系。

（4）质量安全执法监督体系是确保茶叶安全的基础和依据。其主要任务有：

1）严把原料安全关。落实原料查验记录制度，定期审核评估。

2）严把添加剂使用关。

3）严把标签标识关，做到五个不准，不准虚假标注产品执行标准和质量等级，不准生产无标识或标识不全的茶叶，不准虚假标注生产日期，不准虚假标注茶叶原料产地，不准虚假标注手工制作、野生、储藏年份等。

4）严把抽检检验关。

5）严把监管处置关。针对现在质量安全状况，近年来，国家对质量安全认证制定、颁布了一系列相关的法律法规，如《无公害农产品管理办法》《绿色食品标志管理办法》《有机食品管理办法》《中华人民共和国认证认可条例》等。

（5）质量安全科技推广体系是提高安全认证茶叶质量安全水平的重要手段，已形成了以高等院校和茶叶研究机构为主要质量安全科技推广机构的质量安全科技推广体系。

（6）构建茶叶质量安全信息体系，及时发布茶叶质量安全的抽检信息，为茶叶消费者提供茶叶各种相关信息。

133.有机茶、绿色食品茶生产标准有哪些？

（1）有机茶生产标准有：《有机茶》（NY 5196—2002）、《有机茶产地环境条件》（NY 5199—2002）、《有机茶生产技术规程》（NY/T 5197—2002）、《有机茶加工技术规程》（NY/T 5198—2002）、《有机产品生产、加工、标识与管理体系要求》（GB/T 19630—2019）。

（2）绿色食品茶生产标准有：《绿色食品 茶叶》（NY/T 288—2018）、《绿色食品 产地环境质量》（NY/T 391—2021）、《绿色食品 农药使用准则》（NY/T 393—2020）、《绿色食品 肥料使用准则》（NY/T 394—2023）。

134.怎样进行绿色食品茶认证？

绿色食品茶认证由中国绿色食品发展中心负责，认证程序有8个步骤，基本程序流程如下。

（1）认证申请。申请人到中国绿色食品发展中心（以下简称中心）及其所在省（自治区、直辖市）绿色食品办公室、绿色食品发展中心（以下简称省绿办）领取《绿色食品标志使用申请书》《企业及生产情况调查表》，或者从中心网站（www.greenfood.org.cn）下载有关资料，填写后提交给所在省绿办。材料包括：《绿色食品标志使用申请书》《企业及生产情况调查表》、保证执行绿色食品标准和规范的声明、茶叶种植规程和加工规程、公司对“基地+农户”的质量控制体系（包括管理制度、合同、基地图、基地和农户清单）、产品执行标准《绿色食品 茶叶》（NY/T 288—2018）、产品注册商标文本复印件、企业营业执照复印件、企业质量管理手册及要求提供的其他材料。以上材料必须使用A4纸，要求规范、整齐，一式两份。

（2）受理及文审。省绿办收到申请人提交的申请材料后，进行登记、编号，5个工作日内完成对申请认证材料的审查工作，并向申请人发出《文审意见通知单》，如果申请材料不齐全的申请人在收到《文审意见通知单》后10个工作日内提交补充材料。

（3）现场检查、产品抽样。根据《绿色食品检查员工作手册》和《绿色食品产地环境质量现状调查技术规范》中规定的有关项目，省绿办委派2名或2名以上检查员到企业进行现场检查，检查合格的可以安排产品抽样，凡申请人提供了近1年内绿色食品定点产品监测机构出具的产品质量检测报告，经检查员确认后符合绿色食品产品检测项目和质量要求时，不用抽样检测产品。申请人将样品、产品执行标准、《绿色食品产品抽样单》和检测费及时寄送到绿色食品定点的监测机构。

（4）环境监测。绿色食品产地环境质量现状调查由检查员在现场检查时同步完成。经调查确认，产地环境质量符合《绿色食品产地环境质量现状调查技术规范》规定的免测条件，免做环境监测。经过确认后必须要进行环境监测的，省绿办收到调查报告后的2个工作日内以书面形式通知绿色食品定点的环境监测机构进行监测。

（5）产品检测。绿色食品定点产品监测机构从收到样品、产品执行标准、《绿色食品产品抽样单》、检测费后，在20个工作日内完成检测工作，并出具产品检测报告，连同填写的《绿色食品产品检测情况表》，报送中心认证处，同时抄送省绿办。

（6）认证审核。省绿办收到检查员现场检查评估报告和环境质量现状调查报告后，在3个工作日内签署审查意见，并将认证申请材料、检查员现场检查评估报告、环境质量现状调查报告及《省绿办绿色食品认证情况表》等材料报送中心认证处。中心认证处组织审查人员及有关专家对上述材料进行审核，20个工作日内做出审核结论。

（7）认证评审。认证结论分为认证合格和认证不合格两种情况。如果认证不合格的本生产周期内不再受理其申请。

（8）颁证。申请人在60个工作日内与中心签订《绿色食品标志商标使用许可合同》，并由其颁发证书。

135.进行有机茶认证要符合哪些条件？

根据国际有机农业运动联合会（IFOAM）的基本观点和标准，有机食品（茶叶）要符合以下三个条件。

（1）有机食品（茶叶）的原料必须来自有机农业的产品（有机产品）。

（2）有机食品（茶叶）的原料是按照有机农业生产和有机食品加工标准而生产加工出来的食品（茶叶）。

（3）加工出来的产品或食品（茶叶）必须经有机食品（茶叶）颁证组织进行质量检查，符合有机食品（茶叶）生产、加工标准，颁给证书的食品（茶叶）。

136.国内主要的有机茶认证机构有哪些？

依据《中华人民共和国认证认可条例》和《有机产品认证管理办法》的规定，有机产品认证机构应当依法设立，具有《中华人民共和国认证认可条例》规定的基本条件和从事有机产品认证的技术能力。认证机构必须由国家认证认可监督管理委员会批准成立，经中国合格评定国家认可委员会有机产品能力认可后，方可从事有机产品的认证。国内主要的有机茶认证机构有：杭州中农质量认证中心（原中国农业科学院茶叶研究所有机茶研究与发展中心，OTRDC）、南京国环有机产品认证中心（OFDC）和北京中绿华夏有机食品认证中心（COFCC）等。

137.怎样进行有机茶认证？

有机茶认证是对茶园直至茶杯里的茶叶全过程的认证，下面以杭州中农质量认证中心为例介绍有机茶认证的基本程序。

（1）信息询问。申请人向认证机构询问有机茶认证的相关信息，并索取资料。

（2）认证申请。申请人向认证机构索取申请表、茶叶加工和食品加工厂基本情况调查表，将填好的申请表、调查表和相关材料寄回认证机构。有机茶认证申请人需要准备以下材料：

1）申请人的合法经营资质文件（如土地使用证、营业执照等）。

2）申请人及有机生产加工的基本情况。

3）茶叶产地（基地）区域范围描述。

4）申请认证的有机产品生产、加工及销售计划。

5）产地（基地）及加工场所有关环境质量的证明材料。

6）有关专业技术和管理人员的资质证明材料。

7）保证执行有机茶标准的声明。

8）有机茶生产、加工的管理体系文件。

9）其他相关材料。

（3）材料初审。认证机构根据提交的调查表等材料进行初步审核，决定是否受理，若没有发现明显违背有机茶标准的情况，则予以受理。认证机构自收到申请人书面申请之日起10个工作日内完成申请材料的评审，决定是否受理。

（4）合同评审。认证机构同意受理后，通知申请者初审结果，双方签订有机茶认证检查委托协议书。申请者根据协议规定向认证机构支付相关费用。上述费用为实际发生费用，与最终认证结果无关。

（5）采样检测。认证申请人选定茶园种植基地后，采集样品送有能力的实验室或经过国家计量认证的法定检测机构，对采集样品进行分析、检测，检测合格的可以继续认证程序，认证机构派出检查员现场检查时认为有必要采集样品检验的也可采集。注意第2年及以后的复认证必须由检查员现场按认证规则的要求现场抽样，申请人不可以自行取样。

（6）实地检查。认证机构派出检查员对申请人的茶叶生产基地、茶叶加工厂等进行实地检查，以评估其是否达到认证标准，还要现场采集茶园土壤样品和茶叶样品供检测，检查必须在生产季节进行。对茶园的检查面积不得少于申请颁证面积的1/3。为了防止违背有机茶种植和加工的行为，保证产品符合有机茶质量标准的要求，保护消费者的利益，有时还需进行不通知对方的临时检查。

（7）综合审查。认证机构根据申请人提供的调查表、相关材料和检查员的检查报告，对照有机茶认证标准进行综合审查评估，编制认证评估表，在风险评估的基础上提出颁证意见。

（8）认证决定。认证委员会根据综合审查意见，基于茶园产地环境质量、现场检查和产品检测结果的评估，做出认证决定，即同意颁证、有条件颁证、拒绝颁证和有机转换颁证的决定。

1）同意颁证。如果申请者完全符合本标准，将获得有机茶园/茶厂/经营者证书。

2）有条件颁证。如认证申请人能基本达到标准，已经在规定的期限内完成了不符合项的纠正措施，并通过认证机构验证，茶园种植可以获得有机产品认证证书（生产），茶叶加工获得有机产品认证证书（加工）。

3）拒绝颁证。申请人达不到有机茶认证标准要求的，认证委员会将拒绝颁证，并向申请人提出转化的建议。

4）有机转换颁证。如果申请人的茶园前3年曾经使用过茶园禁用物质，但在1年前就开始按照有机生产要求进行转换，并且计划一直按照有机方式进行生产，则可以颁发有机转换证书。从有机转换茶园收获的鲜叶，按照有机方式进行加工，只能作为常规茶进行销售。

（9）颁发证书。根据国家规定和申请人获得认证产品的数量及包装规格，颁证委员会颁发给申请人相应数量的国家有机产品认证标志。有机茶证书和标志有效期为1年，有效期满前，愿意继续进行认证的企业可以在有效期终止前3个月重新提出申请，没有重新认证的企业，不得继续使用有机茶证书和标志。

（10）证后监督管理。有机茶企业获证后要合理规范地使用有机产品认证证书和有机产品认证标志，加强认证证书的管理，接受行政监管部门及中心的监督检查。严格遵守认证机构公开文件《批准、保持、扩大、缩小、撤销或注销认证资格及认证证书暂停使用》的要求。

138.溯源技术大致有几种？

（1）无线射频技术（RFID），即在产品包装上加贴一个带芯片的标识，产品进出仓库和运输就可以自动采集和读取相关的信息，产品的流向都可以记录在芯片上。

（2）二维码，消费者只需要通过带摄像头的手机拍摄二维码，就能查询到产品的相关信息，查询的记录都会保留在系统内，一旦产品需要召回就可以直接发送短信给消费者，实现精准召回。

（3）条码加上产品批次信息，如生产日期、生产时间、批号等，采用这种方式生产企业基本不增加生产成本。

139.什么是茶叶溯源系统？

茶叶溯源系统是借助于物联网技术建立的一个综合性的茶叶信息管理与产品全程跟踪的网络系统平台，为每一件产品建立唯一的“电子身份证”——产品追溯码，销售者、消费者可以通过产品追溯码查询该产品的种植履历，包括生产基地、茶园信息、茶树种植、鲜叶采摘、加工、包装等各个环节的信息，实现茶叶生产过程的可视化、动态化、网络化管理，为茶叶安全生产和可追溯性提供了平台。

茶叶二维码溯源技术是指利用二维码溯源系统帮助企业参照HACCP、ISO建立安全质量管理体系，将生产过程细化到每个关键控制点，明确每个关键环节职责，实现“生产有记录、过程留痕迹”的安全质量管理模式。主要采用的技术方案是从茶叶的种植环节开始到包装环节记录所有操作信息，并在茶叶的包装上贴一个防揭或不易碎的二维码标签，二维码里面记录了这款茶叶产品的所有内容，包括生产基地、茶园信息、农事活动、加工包装等信息，通过识别贴在茶叶包装上带有唯一标志的二维码产品标签，结合茶叶产品防伪数据库就可以对茶叶真伪及质量进行跟踪与追溯，实现“质量能追溯，产品可召回”，同时可以实现自动统计产量、销量等信息，在达到防伪及质量安全跟踪与追溯效果的同时，实现管理的信息化。

140.建立茶叶溯源系统有哪些作用？

（1）茶叶溯源系统对茶叶生产实施可追溯管理，做到源头可追溯，流向可跟踪，信息可查询，产品可召回，实现对茶叶卫生品质的有效监督，有效解决了茶叶的质量安全问题，从根源上为茶叶的质量安全保驾护航，是茶叶安全保障的重要措施之一。

（2）茶叶溯源系统将实现从种植加工到仓储流转的各环节的信息化全程监控，帮助企业从制度和体系上规范茶叶产销在各环节的基本流程，彻底摆脱茶叶制备加工方面的诸多问题，提升管理水平，杜绝管理漏洞和质量问题。

（3）方便识别产品真假。二维码溯源网为每个产品建立唯一的二维码，消费者、企业等通过微信扫描每件产品的唯一追溯码即可一目了然，实现产品的追溯与防伪，确保产品货真价实，杜绝假冒伪劣，并让消费者和企业可直接查询追溯每件产品的源头和流转信息，了解每件产品的来龙去脉，提升品牌影响力。

141.茶叶溯源追溯的流程步骤是什么？

茶叶产品溯源系统采用数据实时采集技术，对茶叶原料的生长、加工、贮藏及销售等供应链环节的管理对象进行追溯性标识。茶叶溯源追溯流程步骤如下：

（1）茶叶种植环节：完整记录茶叶产品的名称、茶树品种、茶园基地产地、茶叶批次、茶园施用农药及茶叶生产者信息等初始产品信息和生产过程，在产品收购时，利用标注的信息对产品进行快速分拣。本环节利用二维码溯源网一物一码技术给每个农户设定一个农户卡，农户卡上面有一个二维码，二维码里记录了农户的姓名、种植区域、种植面积、种植品种。这样一旦发现茶叶存在质量问题，就可以通过茶叶溯源管理系统及茶叶标志追溯有关茶叶种植环节的各项信息。

（2）茶叶采摘环节：每个采摘茶叶的人持有一个二维码采摘信息卡，二维码里记录了采摘者的姓名、采摘数量、采摘区域、采摘面积、茶树品种和采摘茶叶级别。二维码信息是通过茶叶溯源管理系统编辑生成的，发给每个操作人，都标示了该操作人的基本信息，操作人在操作的过程中用硬件设备把相关种植和采摘信息录入到二维码，信息上传到茶叶溯源管理系统。二维码溯源网农户用硬件设备扫描采摘信息卡和农户卡上的二维码，进行信息关联。

（3）茶叶加工环节：进入加工环节，将采集的信息对不同的产品进行有针对性的处理，以保证产品质量，加工完成后，由加工者对产品的采摘、加工工艺、包装等信息采集完整。茶叶加工环节是茶叶跟踪流通与追溯的重要环节，此环节利用上一环节提供的各项信息及本环节的具体状况对茶叶物流单元进行唯一和有效标识，以便问题发生时可以追溯和跟踪茶叶加工环节的信息。

（4）茶叶仓储、运输环节：按规定的存储条件、存储时间存储在仓库，在入库和出库时，记录完整入库记录和出库记录。根据存储的时间选择优先出库的产品，避免经济损失。仓储运输环节也是事关茶叶质量的重要环节，茶叶溯源管理系统通过射频技术可以实现对茶叶运输过程的全程跟踪，防止茶叶被人为调换。

（5）产品检测：定期将产品送到权威检测机构进行产品检测，包括农药残留和重金属检测。

（6）销售环节：这是茶叶溯源管理系统跟踪的最后环节，二维码溯源网建立了完整的资料信息，如生产厂家、生产批次、销售批次和数量等信息，确保出现问题时可以及时处理。

主要参考文献

[1] 王友海，徐小云，仇方方，等. 茶叶绿色生产现状与茶产业可持续发展建议［J］. 湖北农业科学，2017，56（19）：3657–3660，3722.

[2] 杨致瑗. 农业供给侧改革背景下绿色生产方式的作用和意义［J］. 安徽农业科学，2017，45（14）：211–215.

[3] 冷杨，肖强，宗庆波，等. 茶叶绿色生产模式的构建与推广［J］. 中国农技推广，2015，31（11）：6–9.

[4] 毕军生. 茶叶的绿色生产模式构建的探究［J］. 农业开发与装备，2018（10）：33–34.

[5] 龚杰. 浅析茶叶绿色生产技术及服务体系的构建与推广［J］. 农民致富之友，2019（11）：72.

[6] 杨道军. 茶叶绿色生产技术及服务体系的构建与推广［J］. 南方农业，2016，10（15）：247，250.

[7] 冷杨，李莉，肖强. 茶叶绿色生产模式及配套技术［M］. 北京：中国农业科学技术出版社，2016.

[8] 李庆江，廖超子，刘建华，等. 绿色生产视角下的“三品一标”发展研究［J］. 中国农业资源与区划，2014，35（5）：135–138.

[9] 骆耀平. 茶树栽培学［M］. 5版. 北京：中国农业出版社，2015.

[10] 王友海，邬运辉，邓余良. 现代茶叶生产实用技术问答［M］. 武汉：湖北科学技术出版社，2019.

[11] 俞永明. 茶树高产优质栽培新技术［M］. 北京：金盾出版社，2008.

[12] 吴淑平，吕立哲，金开美，等. 信阳市无性系茶树良种推广现状与思考［J］. 农业科技通讯，2011（12）：151–153.

[13] 李宇鹏，何冬英，熊雪辉，等. 低产茶园综合改造技术［J］. 现代园艺，2015（23）：68–69.

[14] 魏杰，陈娟，刘声传，等. 茶树嫁接成活影响因素研究综述［J］. 安徽农业科

学，2015，43（5）：43–45.
［15］骆耀平，吴姗，王玲玲，等. 老茶树嫁接换种的效应［J］. 茶叶科学，2000，20（1）：36–39.
［16］骆耀平. 茶树嫁接换种技术［J］. 新农村，1999（12）：10–11.
［17］韩文炎，李鑫，颜鹏，等. 生态茶园的概念与关键建设技术［J］. 中国茶叶，2018，40（1）：10–14.
［18］贺鼎，刘翔. 重庆市生态茶园建设模式探讨［J］. 南方农业，2019，13（10）：57–61.
［19］王新超，曾建明，王璐，等. 茶园建设中茶树良种的选择［J］. 中国茶叶，2018，40（3）：5–8.
［20］王新超，王璐，郝心愿，等. 中国茶树遗传育种40年［J］.中国茶叶，2019，41（5）：1–6.
［21］江昌俊. 茶树育种学［M］. 北京：中国农业出版社，2005.
［22］俞永明. 茶树良种［M］. 北京：金盾出版社，1996.
［23］虞富莲. 茶树新品种简介［J］. 茶叶，2002（3）：117–118.
［24］梁月荣. 绿色食品茶叶生产顶尖指南［M］. 北京：中国农业出版社，2004.
［25］邹彬，吕晓滨. 优质茶叶生产新技术［M］. 石家庄：河北科学技术出版社，2014.
［26］方开星，姜晓辉，秦丹丹，等. 高氨基酸和高茶氨酸茶树资源筛选［J］. 核农学报，2019，33（9）：1724 –1733.
［27］杨春，乔大河，郭燕，等. 115份贵州茶树资源氨基酸和茶氨酸分析与特异资源筛［J］. 浙江农业学报，2022，34（7）：1351–1360 .
［28］叶创兴，郑新强，袁长春，等. 无咖啡因茶树新资源可可茶研究综述［J］. 广东农业科学，2001（2）：12–15.
［29］吴文亮，童彤，胡瑶，等. 可可茶及其优势化学成分的健康功效研究进展［J］. 茶叶科学，2021，41（5）：593–607 .
［30］张娅楠，陶琳琳，高路，等. 可可茶化学成分及药理功能的研究进展［J］. 食品科技，2020，45（7）：102–107.
［31］陈杰丹，马春雷，陈亮. 我国茶树种质资源研究40年［J］. 中国茶叶，2019，41（6）：1–5，46.
［32］徐丕忠，梁名志，田易萍，等. 云南省高茶多酚茶树品种的理化性质及生物特性研究［J］. 湖南农业科学，2014（13）：6–8.
［33］林金科，郑金贵，陈荣冰，等. 高EGCG含量的特异茶树种质资源的筛选与研究

［J］. 作物学报，2005（11）：1511–1517.
［34］马玲，刘本英，宋维希，等. 特异高表没食子儿茶素没食子酸酯茶树资源的筛选［J］. 安徽农业科学，2011，39（20）：12061–12063.
［35］郑红发，黄亚辉，黄怀生，等. 高EGCG茶资源筛选及适制地域研究［J］. 福建茶叶，2007（2）：16–18.
［36］梁少茹，王晓，党永超，等. 低咖啡碱茶树育种研究进展［J］. 山东农业科学，2021，53（1）：130–136.
［37］唐一春，宋维希，矣兵，等. 低咖啡碱茶树种质资源的鉴定及评价［J］. 西南农业学报，2010，23（4）：1051–1054.
［38］吴淑平，吕立哲，蒋双丰. 茶树扦插繁殖的原理及研究进展［J］.中国茶叶，2010，32（7）：13–14.
［39］吴淑平，吕立哲，郑杰，等. 茶树短穗扦插成活率的影响因素探析［J］.河南农业科学，2014，43（10）：34–37.
［40］肖强. 无公害茶叶生产关键技术百问百答［M］. 北京：中国农业出版社，2009.
［41］阮建云，陈亮，肖强. 茶树优质高效栽培技术［M］. 北京：中国农业科技出版社，2001.
［42］伊晓云，马立锋，石元值，等. 茶园有机肥使用和有机肥替代化肥技术［J］. 中国茶叶，2018，40（6）：10–13.
［43］吴洵. 茶园土壤管理与施肥技术［M］. 北京：金盾出版社，2009.
［44］马立锋，石元值，杨向德，等. “有机肥+水肥一体化”高效施肥技术模式［J］. 中国茶叶，2020，42（2）：46–47.
［45］郑莉，曹藩荣. 茶树病虫害绿色防控技术［J］. 广东茶业，2017（5）：12–17.
［46］赵丰华，李杰，蒋双丰. 茶园有害生物绿色防控技术详解［M］. 郑州：郑州大学出版社，2021.
［47］谭济才. 茶树病虫害防治学［M］. 北京：中国农业出版社，2002.
［48］吴淑平，赵丰华，蔡一鸣，等. 名优茶春茶开采期影响因素及其研究现状［J］. 中国茶叶，2018，40（11）：17–20，25.
［49］汤晓美. 茶叶清洁化加工技术路线探讨［J］. 中国茶叶，2014，36（8）：29–30.
［50］庞月兰，廖勤明，杨春，等. 茶叶清洁化生产的要求［J］.南方园艺，2016，27（6）：45–48.
［51］李荣林，周建涛，彭英，等. 茶叶加工技术的创新发展［J］.江西农业学报，2011，23（10）：128–130，132.

[52] 陈孔华. 安全低碳茶叶生产加工技术探究［J］. 科学之友，2013（6）：16–17.
[53] 王东辉，张优，周燕君，等. 2019版《有机产品》国家标准及《有机产品认证实施规则》中有机茶认证要点解析［J］. 中国茶叶，2020，42（2）：14–18.
[54] 冯娟娟. 中国茶叶质量安全体系研究［D］. 安徽：安徽农业大学，2009.
[55] 卢保兴. 茶叶质量安全追溯体系的建立探讨［J］. 农业与技术，2017，37（2）：169.
[56] 吴迪. 茶叶质量安全追溯体系的研究与建立［D］. 北京：中国农业科学院，2009.
[57] 毛烨，许建林. 茶叶质量安全追溯系统的构建与研究［J］. 江苏农业科学，2017，45（10）：180–183.
[58] 李云香，付建明. 茶叶质量安全可追溯体系建设［J］. 北京农业，2015（6）：232.